PIECE

QUI A REMPORTÉ

LE PRIX

DE L' ACADEMIE IMPERIALE DES SCIENCES

DE St. PETERSBOURG

proposé

En M. DCCL.

SUR LA QUESTION

Si toutes les inegalités, qu' on a observées dans le mouvement de la Lune, s' accordent avec la Theorie Newtonienne ou non? & quelle est la vraie Theorie de toutes les inegalités, dont on peut deduire exactement pour un instant quelconque proposé le lieu de la Lune?

A St. PETERSBOURG
de l' Imprimerie de l' Acad. Imperiale des Sciences
1752.

THEORIE
DE LA LUNE
DEDUITE
DU SEUL PRINCIPE
DE L'ATTRACTION
RECIPROQUEMENT PROPORTIONELLE
AUX QUARRÉS DES DISTANCES.

Par M. CLAIRAUT,

des Academies Roiales de France, d' Angleterre, de Prusse, de Suede & de l' Institut de Bologne.

Imprimatur

Cyrillus Comes de Rasumowsky.

H

THEORIE DE LA LUNE.

Qua causa argentea Phoebe
Passibus haud aequis graditur, cur subdita nulli
Hactenus astronomo numerorum fraena recuset:
Cur remeant nodi, curque auges progrediuntur.
Edm. Halley.

DISCOURS PRELIMINAIRE.

MAlgré la quantité de belles recherches qui ont paru dans ces derniers tems ſur la cauſe des irregularités de la Lune, il faut convenir que la Theorie de l' attraction, ſur la quelle ces recherches ſont toutes fondées, n'a pas encore reçu toute la lumiere qu' elle devoit tirer d' un ſujet auſſi important. Un des points les plus eſſentiels qu'il embraſſe, la revolution de l'Apogée de la Lune, a cauſé des diſcuſſions très delicates & a donné l' occaſion de propoſer des ſupplemens à la Loi generale des Forces. A la verité l' un des Mathematiciens qui avoit eû recours à ces expediens s'est retracté, & a annoncé qu' il avoit trouvé le moien de tirer de ſa Theorie le vrai mouvement de l' Apogée ſans employer d' autre force que celle qui ſuit la proportion inverſe du quarré des diſtances. Mais outre que ſa ſolution n' eſt pas publique l' examen des autres difficultés que renferme la Theorie de la Lune demande que toute la Queſtion ſoit repriſe en entier, ſi l' on veut repondre d' une maniere ſatisfaiſante aux vuës qu' a eues l' Academie Impériale de Ruſſie, en propoſant le ſujet qu'elle doit delivrer l' année prochaine. Animé par le deſir de plaire à cette Sçavante Compagnie j' ai traité la matiere auſſi à fond qu' il m' a été permis de le faire dans le tems qu' elle a preſcrit. Il m' a paru que la ſeule maniere de faire connoître decisivement la justesse ou l' insuffisance des principes Newtoniens pour cette partie du systeme du Monde, etoit de tirer d' une solution generale, où le Probleme fut pris mathematiquement & sans emploïer que les donneés necessaires, des formules generales, par les quelles on pût trouver le lieu de la Lune pour un instant quelconque proposé. J'ai taché de surmonter toutes les difficultés du calcul qu'exigeoit un tel projet, & j' y suis parvenu si heureusement que les Tables que j' ai tiré de ma Theorie s'accordent mieux avec les observations que toutes celles que les Astronomes ont employées jusqu'à present, quoiqu'elles fussent toutes fondées sur des recherches Astronomiques, qui etoient le fruit d' une longue suite d' observations.

PREMIERE PARTIE.

Où l'on donne la maniere de trouver le lieu de la Lune dans son Orbite.

I.

LEMME I.

Fig. 1. AYANT *pris sur une droite quelconque deux parties infinement petites & égales* Mm, mn *& tiré des points* M, m, n *à un point donné* T, *les droites* TM, Tm, Tn, *je dis que* Tn *sera egal à* $TM + 2d(TM) + TM(MTm)^2$ *& que* $mTn = MTm - \frac{2d(TM)MTm}{TM}$.

II.

PROBLEME I.

On demande l' equation d' une courbe M m μ *decrite par un corps jetté avec une vitesse & suivant une direction quelconque en supposant ce corps soumis à l' action de deux forces, l' une* Σ *tendante vers un centre* T, *l' autre* Π *perpendiculaire à cette direction.*

M*m* étant un petit coté quelconque de la courbe cherchée, *mn* la ligne egale à celle-là & placée sur son prolongement que le corps parcourreroit sans les forces Σ & Π, on prendra sur la droite *n*T tirée au centre des forces Σ, la petite par-

partie no pour exprimer l' effet de la force Σ vers ce centre, sur la perpendiculaire à nT, la petite partie $o\mu$ pour exprimer l' effet de la force Π ; par ce moyen μm sera le coté de la courbe cherchée subsequent au coté Mm.

Cela fait, on nommera r le rayon vecteur TM ; v l' angle que ce rayon fait avec un axe TB donné de position; & dx le tems infinement petit employé à parcourir chacun des cotés Mm, $m\mu$. Par le Lemme precedent on aura $Tn = r + 2dr + rdv^2$ & $mTn = dv - \frac{2drdv}{r}$ & comme $T\mu = r + 2dr + ddr$ & $mT\mu = dv + ddv$, il est clair que la petite droite no aura pour expression $rdv^2 - ddr$, de même l' angle $oT\mu$ sera exprimé par $ddv + \frac{2drdv}{r}$ & par consequent la droite $o\mu$ par $rddv + 2drdv$. Or comme les espaces parcourus ont pour expressions les forces mêmes multipliées par les quarrés des tems, on aura les equations $rddv + 2drdv = \Pi dx^2$ & $rdv^2 - ddr = \Sigma dx^2$ pour determiner tant la courbe Mm que le tems employé à la parcourir.

III.

PROBLEME II.

Supposant que la premiere des deux forces accelératrices celle qui pousse vers le centre T *soit composée d' une partie* $\frac{M}{rr}$ *inversement proportionelle au quarré de la distance & d' une autre partie quelconque* ϕ. *On demande 1° d' exprimer la courbe* Mm *par une seule equation delivrée des* dx. *2° que cette equation soit composée d' une partie où l' on reconnoisse la section conique que la seule force* $\frac{M}{rr}$ *feroit decrire & d' une autre partie ſeparée & ſous une forme finie qui contienne la correction qu' il faut faire pour les forces* Φ *&* Π. 3. *L' expreſſion du tems employé a parcourir une partie quelconque de la courbe*.

§. 1. Par le Probl. précedent on a les deux equations $r\,ddv + 2\,dr\,dv = \Pi\,dx^2$ & $r\,dv^2 - ddr = \left(\frac{M}{rr} + \Phi\right) dx^2$. Je multiplie les termes de la 1ere par r & je les diviſe par dx ce qui me donne $\frac{rr\,ddv + 2r\,dv\,dr}{dx} = \Pi r\,dx$ donc l' integrale $\frac{rr\,dv}{dx} = f + \int \Pi r\,dx$. f etant une conſtante quelconque ajoutée en integrant. Multipliant en ſuite les termes de cette equation par $\Pi r\,dx$ elle devient $\Pi r^3 dv = f \Pi r\,dx + \Pi r\,dx \int \Pi r\,dx$ donc l' integrale eſt $\int \Pi r^3 dv = f \int \Pi r\,dx + \frac{1}{2}\left(\int \Pi r\,dx\right)^2$ (il ne faut point ici de conſtante) d' où l'on tire $f + \int \Pi r\,dx = \sqrt{f^2 + 2\int \Pi r^3 dv}$ & par conſequent $dx = \frac{rr\,dv}{\sqrt{f^2 + 2\int \Pi r^3 dv}}$ d' où l' on voit que lorſque la courbe ſera connue le tems le ſera auſſitôt.

§. 2. Reprenons maintenant l'equation $r\,dv^2 - ddr = \left(\frac{M}{rr} + \Phi\right) dx^2$ & donnons lui cette forme $\frac{r\,dv^2}{dx^2} - \frac{d\left(\frac{dr}{dx}\right)}{dx} = \frac{M}{rr} + \Phi$ afin d' y pouvoir faire conſtante celle des differentieles qu' on voudra.

Choiſiſſons dv pour conſtante & ſubſtituons à la place de $\frac{dv}{dx}$ & de $\frac{dr}{dx}$ leurs valeurs qui ſont $f\frac{\sqrt{1+2\varrho}}{rr}$ & $f\frac{dr\sqrt{1+2\varrho}}{rr\,dv}$ en faiſant $\varrho = \int \frac{\Pi r^3 dv}{f^2}$ on aura par ces ſubſtitutions

$$\frac{f^2(1+2\varrho)}{r^3} - \frac{f^2\,ddr(1+2\varrho)}{r^4\,dv} + \frac{2f\,dr^2(1+2\varrho)}{r^5\,dv^2} - \frac{f^2\,dr\,d\varrho}{r^4\,dv^2} = \frac{M}{rr} + \Phi$$

que j'ècris ainſi $\frac{f^2}{r^3} - \frac{f^2\,ddr}{r^4\,dv^2} + \frac{2f^2\,dr^2}{r^5\,dv^2} = \frac{\frac{M}{rr} + \Phi + \frac{f^2\,dr\,d\varrho}{r^4\,dv^2}}{1+2\varrho}$ ou $\frac{\frac{M}{rr} + \Phi + \frac{\Pi\,dr}{r\,dv}}{1+2\varrho}$ en mettant à la place de $f^2 d\varrho$ ſa valeur

$\Pi r^3 dv$. Je transforme en ſuite cette nouvelle equation en $\frac{\frac{f^2}{Mr}dv^2 - \frac{f^2}{Mr^2}ddr + 2\frac{f^2dr^2}{r^3M}}{dv^2} = \frac{1 + \frac{\Phi rr}{M} + \frac{\Pi rdr}{Mdv}}{1+2\varrho}$ ou $\frac{f^2}{Mr}dv^2 - d(\frac{f^2dr}{Mr}) = 1 + \Omega$ en faiſant $\Omega = \frac{\frac{\Phi rr}{M} + \frac{\Pi rdr}{Mdv} - 2\varrho}{1+2\varrho}$. Faiſant alors $\frac{f^2}{Mr} = 1 - s$ l' equation ſe reduit à $s + \frac{dds}{dv^2} + \Omega = 0$ que j' integre de la maniere ſuivante.

§. 3. Je la multiplie d' abord par $dv\,cos.\,v$ & elle devient $\frac{dds\,cos.\,v}{dv} + sdv\,cos.\,v + \Omega\,dv\,cos.\,v$ dont l' integrale eſt $\frac{ds}{dv}cos.\,v + s\,sin.\,v + \int\Omega\,dv\,cos.\,v = g$. g etant une conſtante quelconque. Je multiplie en-ſuite cette nouvelle equation par $\frac{dv}{cos.\,v^2}$ (qui eſt la même choſe que $d(tang.\,v)$) & j'ai $\frac{ds}{cos.\,v} + \frac{s\,dv\,sin.\,v}{(cos.\,v)^2} + \frac{dv}{(cos.\,v)^2}\int\Omega\,dv\,cos.\,v = \frac{g\,dv}{(cos.\,v)^2}$ dont l' integrale eſt $\frac{s}{cos.\,v} + tang.\,v\int\Omega\,dv\,cos.\,v - \int tang.\,v\,\Omega\,dv\,cos.\,v = g\,tang.\,v + c$, ou $s + sin.\,v\int\Omega\,dv\,cos.\,v - cos.\,v\int\Omega\,dv\,sin.\,v = g\,sin.\,v + h\,cos.\,v$ laquelle en remettant à la place de s ſa valeur devient $\frac{f^2}{Mr} = 1 - g\,sin.\,v - c\,cos.\,v + sin.\,v\int\Omega\,dv\,cos.\,v - cos.\,v\int\Omega\,dv\,sin.\,v$, & exprime l'equation cherchée de la courbe decrite par les forces $\frac{M}{rr} + \Phi$ & Π.

§. 4. La premiere partie $\frac{f^2}{Mr} = 1 - g\,sin.\,v - c\,cos.\,v$ de cette equation exprime la ſection conique qui ſeroit decrite par la ſeule force $\frac{M}{rr}$ & il eſt aiſé de voir par cette equation en lui donnant cette forme $\frac{f^2}{Mr} = 1 - \sqrt{gg+cc}\,(\frac{g}{\sqrt{gg+cc}}sin.\,v + \frac{h}{\sqrt{gg+cc}}cos.\,v)$ que le foyer doit être en T, que $\frac{f^2}{M}$ eſt le $\frac{1}{2}$ parametre de ſon grand axe, $\sqrt{gg+cc}$ le raport de ſon excentricité au demigrand axe, & que ſon axe eſt placé dans la ligne TC determinée en faiſant l' angle CTB egal à celui dont le ſinus eſt $\frac{g}{\sqrt{gg+cc}}$.

§. 5. Quant a la ſeconde partie de cette equation $\mathit{ſin}.\, v \int \Omega\, dv\, \mathit{coſ}.\, v - \mathit{coſ}.\, v \int \Omega\, dv\, \mathit{ſin}.\, v$ qui exprime la correction qu'il faut faire à la valeur $1 - g\, \mathit{ſin}.\, v - c\, \mathit{coſ}.\, v$ de $\frac{f^2}{Mr}$ lorsqu'on veut avoir égard aux forces Π & Φ, il eſt evident qu'elle donnera tout de ſuite & ſans rien negliger la correction cherchée lorsque Φ & Π ſeront exprimées de maniere que Ω ou $\frac{\frac{\Phi rr}{M} + \frac{\Pi r\, dr}{M\, dv} - 2\int \frac{\Pi r^3\, dv}{f^2}}{1 + 2\int \frac{\Pi r^3\, dv}{f^2}}$ ne dependra que de l' angle v & qu' elle fournira un moien de connoître cette correction par approximation de conſtantes, & quelles que ſoient les valeurs de Π & Φ pour vû qu'on connoiſſe d' abord à peu près l' orbite, en ſubſtituant dans Ω à la place de r ſa valeur tirée de la ſuppoſition faite pour la nature de cette orbite.

IV.

PROBLEME III.

Determiner f, g, h *par ces conditions que le corps parte d'un lieu quelconque avec une viteſſe & ſuivant une direction données.*

Que r ſoit $= b$ lorsque v eſt $= a$ & qu' on ait en même tems q pour l' angle que fait le petit coté de la courbe avec le raïon, la viteſſe au même lieu étant celle que le corps acquerroit en tombant de la hauteur i pendant qu'il ſeroit ſollicité par la force conſtante $\frac{M}{bb}$ que le corps eprouve au point de depart lorsqu' on n'a point d' égard aux forces Π & Φ.

$\frac{\sqrt{2Mi}}{b}$ ſera ainſi la viteſſe du cops au point de depart & par conſequent $\frac{\sqrt{2Mi}}{b}\, \mathit{ſin}.\, q$ ſera la viteſſe dans la couche circulaire qui paſſeroit par le même point, ou ce qui revient au même $\frac{rdv}{dx}$ sera $\frac{\sqrt{2Mi}}{b}$ *sin.* q ou $q\sqrt{2Mi}$. Pour determiner maintenant les deux lettres f & g il faut faire en sorte que v etant a, r soit $=b$, & $\frac{dr}{rdv} = cotang.\ q$ c'est à-dire qu' il faut substituer dans les equations $2i\frac{(\sin. q)^2}{r} = 1 - g\sin. v - c\cos. v$ & $-2i\frac{(\sin. q)^2}{rrdv}dr = -g\cos. v + c\sin. v$ à la place de v, a; à la place de r, b; & à la place de $\frac{dr}{rdv}$, *cot.* q.

Par ce moyen elles donneront $\frac{2i(\sin. q)^2}{b} = 1 - g\sin. a - c\cos. a$ & $-\frac{2i(\sin. q)^2\cot. q}{b}$ ou $-\frac{2i\sin. q\cos. q}{b}$ ou $-\frac{i}{b}\sin. 2q = -g\cos. a + c\sin. a$.

Tirant de la seconde $g = \frac{c\sin. a + \frac{i}{b}\sin. 2q}{\cos. a}$ & le substituant dans la première on aura

$1 - \frac{2i}{b}(\sin. q)^2 - c\cos. a = \frac{c(\sin. a)^2 + \frac{i}{b}\sin. 2q\sin. a}{\cos. a}$ d' où l'on tire $c = \cos. a - \frac{i}{b}\cos. a + \frac{i}{b}(\cos. 2q\cos. a - \sin. 2q. \sin. a)$ ou $c = (1 - \frac{i}{b})\cos. a + \frac{i}{b}\cos.(2q + a)$ & remettant cette valeur de c dans celle de g on aura

$$g = \frac{(1 - \frac{i}{b})\cos. a\sin. a + \frac{i}{b}\cos.(2q+a)\sin. a + \frac{i}{b}\sin. 2q}{\cos. a}$$ ou

$$g = (1 - \frac{i}{b})\sin. a + \frac{i}{b}\sin.(2q + a)$$

V.

LEMME II.

La quantité sin. $v\int\Omega$ cos. vdv − cos. $v\int\Omega$ sin. vdv (*que nous nommerons desormais* Δ *pour abreger*) *est egale à* $\frac{1}{mm-1}$ cos. $v - \frac{1}{mm-1}$ cos. mv *lorsque* $\Omega = \cos. mv$ *est le cosinus d' un multiple* mv *de l' angle* v.

Cette propofition eft facile à demontrer en emploiant les valeurs fi connues aujourd'hui $\frac{c^{z\sqrt{-1}} - c^{-z\sqrt{-1}}}{2\sqrt{-1}}$ et $\frac{c^{z\sqrt{-1}} + c^{-z\sqrt{-1}}}{2}$ du finus & du cofinus d' un angle z.

Mais on y peut parvenir beaucoup plus fimplement par les Theoremes fuivans que tous les Geometres connoiffent. A & B etant deux angles quelconques.

$Sin.\,A\,fin.\,B = \frac{1}{2}\,cof.\,(A-B) - \frac{1}{2}\,cof.\,(A+B)$

$Sin.\,A\,cof.\,B = \frac{1}{2}\,fin.\,(A+B) + \frac{1}{2}\,fin.\,(A-B)$

$Cof.\,A\,cof.\,B = \frac{1}{2}\,cof.\,(A-B) + \frac{1}{2}\,cof.\,(A+B)$

$d(cof.\,A) = -dA\,fin.\,A;\ d(fin.\,A) = dA\,cof.\,A$

Le célébre Mr. Euler, à qui les Mathematiques font redevables de tant d'artifices de calcul, eft le premier que je fache qui fe foit paffé des valeurs des finus fous la forme imaginaire & qui ait penfé à avoir recours aux Theoremes que je viens de citer.

VI.

Il eft aifé de voir par le Lemme que je viens de donner, combien le calcul peut être fimplifié dans l'ufage de la folution précedente, car fi l' on reduit, ainfi que cela eft toujours faifable dans la recherche des mouvemens des Planetes, la valeur de Ω à une fuite de termes $A\,cof.\,mv + B\,cof.\,nv +$ &c. la quantité Δ dans la quelle confifte la partie inconnue de l' equation de l' orbite fera auffitôt determinée & fera une fuite de même efpece.

Delà il fuit que lorsque l' on aura fixé le nombre de termes de la valeur de Ω, qui dans certains cas peut être affez confiderable, on n' aura point à craindre que l' equation de l' orbite en acquiere un plus grand &

d' une autre nature, ce qui ne manqueroit gueres d' arriver en ſuivant d' autres methodes. Chaque eſpece de termes de la valeur de Ω n' introduira jamais dans l' equation de l' orbite qu' un terme ſemblable dont le coefficient ſera très facile à determiner & de plus un terme affecté de *coſ.* v qui ſe joindra à celui de même eſpece que contient la premiere partie de l' equation de l' orbite, celle qui exprime la ſection conique que l' on auroit eû ſans les forces perturbatrices.

Pour rendre plus ſenſible ce que je viens de dire & pour avoir une formule à la quelle puiſſent ſe reduire tous les calculs de la même nature dont nous pourrons avoir beſoin par la ſuite, nous ſuppoſerons que $A\, cos.\, mv + B\, cos.\, nv +$ &c. repréſente la valeur de Ω & nous reprendrons l' equation de l' orbite determinée Art. III. §. 3. dans la quelle 1°. nous mettrons p à la place de $\frac{f^2}{M}$ ou du demi-parametre de l' ellipſe qui auroit été décrite ſans les forces perturbatrices. 2°. Nous ferons $g = 0$ ce qui revient au même que de ſuppoſer l' orbite perpendiculaire à ſon raion vecteur à ſon origine, ſuppoſition très permiſe, puisqu' on peut faire commencer le mouvement de quel point l' on veut.

Par ce moien l' equation générale de l' orbite, qui eſt alors $\frac{1}{r} = \frac{1}{p} - \frac{c}{p}\, cos.\, v - \frac{1}{p}\Delta$ deviendra dans cette ſuppoſition de Ω $\frac{1}{r} = \frac{1}{p} - \frac{1}{p}\left(c - \frac{A}{m^2-1} - \frac{B}{n^2-1} - \&c.\right) cos.\, v - \frac{A\, cos.\, mv}{p(mm-1)} - \frac{B\, cos.\, nv}{p(nn-1)} - \&c.$

VII.

Si la valeur de Ω renfermoit des termes tels que *coſ.* v, on ne pourroit pas trouver par le Lemme precedent ceux qui en reſulteroient dans la quantité Δ, parceque la formule $\frac{\cos. v - \cos. mv}{mm - 1}$ ne donne rien dans le cas de $m = 1$. Mais en reprenant les quantités $\int \Omega \cos. v\, dv$ & $\int \Omega \sin. v\, dv$ qui sont en ce cas $\int (\cos. v)^2 dv$, & $\int \sin. v. \cos. v\, dv$, ou $\int (\frac{1}{2} + \frac{1}{2} \cos. v) dv$ & $\int \frac{1}{2} \sin. 2v\, dv$ ou $\frac{1}{2} v + \frac{1}{4} \sin. 2v$, & $- \frac{1}{4} \cos. 2v + \frac{1}{4}$ on trouvera alors que Δ a pour valeur $\frac{1}{2} v \sin. v + \frac{1}{4} \sin. v \sin. 2v + \frac{1}{4} \cos. v \cos. 2v - \frac{1}{4} \cos. v$, qui se reduit à $\frac{1}{2} v \sin. v$.

On voit par là que lorsque Ω renfermera des termes de cette espece, l'equation de l' orbite contiendra des angles v & quelques petits que soient les termes où ils entrent, ils peuvent donner les plus grandes corrections à la valeur de r, lorsqu' on supposera l' angle v d' un grand nombre de revolutions. Ainsi si l' on n' a rien negligé en determinant Ω on sera sûr que l' orbite s' ecartera à la fin fort considerablement d' une Ellipse & changera entierement de forme. Si on a negligé quelques quantités on ne pourra pas former la même assertion, mais il faudra au contraire ne compter sur l'exactitude de la solution précedente que pendant un petit nombre de revolutions. Heureusement dans la Theorie des Planetes on peut toûjours se passer de tels termes, ainsi que l'on le verra par la suite de ce memoire.

VIII.

Lorsqu' il entrera dans Ω quelque cosinus d' un multiple de v très peu different de l'unité, il en resultera dans l' equation de l' orbite un terme dont le coefficient sera beaucoup plus considerable à cause du diviseur $m^2 - 1$, il faudra donc avoir grande attention à tous les termes de cette nature & y porter bien plus de scrupule que dans les autres par rapport aux fractions qu' on negligera.

IX.

IX.

Les Cosinus de multiples de v exprimés par des nombres fort differens de l' unité permettront au contraire de negliger beaucoup de fractions dans les calculs.

X.

Quant aux Cosinus d' un très petit multiple de v, ils ne changeront presque pas en passant de Ω dans Δ mais ils demanderont cependant autant d' attention que ceux qui different peu de l' unité, à cause que quand on passera de la valeur de $\frac{1}{r}$ à celle du tems, ces termes qui en produiront toûjours de même espece qu' eux, subiront dans l' integration une division par la même petite fraction du multiple de v, & ainsi ils y pourront encore donner des termes considerables dans l' expression du tems. La plus grande difficulté de la Theorie de la Lune roule sur l' examen de ces sortes de termes & en ce point elle me paroit surpasser celle de Saturne.

XI.

Nous avons vû article III. §. 5 que lorsque la valeur de Ω sera donnée exactement par une fonction de v on aura aussitôt la vraie equation de l' orbite cherchée. Nous ajouterons ici que dans plusieurs cas où Ω seroit composée d' autres quantités, on pourroit encore trouver cette equation sans rien negliger, pourvû qu' on soupçonnat seulement la forme de ces termes.

Pour en donner un exemple bien simple, nous prendrons le cas où la force Φ jointe à celle qui agit vers le centre en raison renversée du quarré des distances, est exprimée par $\frac{bM}{r^3}$ & où la force $\pi = o$ ce qui, comme l' on ſait, doit nous faire arriver à la même concluſion que Mr. Newton a trouvée dans la Prop. 45. du pr. liv. de ſes principes, en traitant du mouvement des Apſides.

Dans cette ſuppoſition Ω ſe reduira ſimplement à $\frac{\pi r r}{M}$ & ſera partant $\frac{b}{r}$, qu'il faut donc ſubſtituer dans la quantité Δ. Suppoſons maintenant que la valeur cherchée de $\frac{1}{r}$ ſoit $\frac{1}{k} - \frac{e}{k}$ *coſ.* $m\,v$ qui renferme une généraliſation de l' equation $\frac{1}{r} = \frac{1}{p} - c$ *coſ.* v par la quelle l' orbite ſeroit exprimée ſans l' addition de la force $\frac{Mb}{r^3}$. Et cherchons à determiner les quantités k, e, m, par le moyen de ce qui a eté enſeigné dans l' Art VI. Ω ou $\frac{b}{r}$ etant alors $\frac{b}{k} - \frac{eb}{k}$ *coſ.* $m\,v$. On n'aura qu' à faire $-\frac{eb}{k} = A$; $B = \frac{b}{k}$, $n = o$ & l' equation generale de cet article deviendra $\frac{1}{r} = \frac{1}{p}(1 + \frac{b}{k}) - \frac{1}{p}(c + \frac{be}{k(mm-1)} + \frac{b}{k})$ *coſ.* $m\,v$ + $\frac{be}{pk(mm-1)}$ *coſ.* $m\,v$.

Préſentement il eſt clair que la ſuppoſition de $\frac{1}{r} = \frac{1}{k} - \frac{e}{k}$ *coſ.* $m\,v$ ſera juſtifiée & que l' orbite cherchée ſera determinée exactement ſi l' on peut identifier cette equation avec celle qu'on vient de trouver; or c' eſt ce qui ne demande autre choſe que de faire $\frac{1}{p}(1 + \frac{b}{k}) = \frac{1}{k}$, $c + \frac{be}{k(m^2-1)} + \frac{b}{k} = o$, $\frac{be}{pk(m^2-1)} = \frac{e}{k}$, ou ce qui revient au même $m^2 = 1 - \frac{b}{p}$, $k = p - b$, $e = \frac{c.(p-b)+b}{p}$. Ainſi l'on voit que l' effet de la force $\frac{bM}{r^3}$ ajoutée à $\frac{M}{rr}$ eſt de changer la ſection conique exprimée par $\frac{1}{r} = \frac{1}{p} - c$ *coſ.* v en une courbe dont les raions vecteurs r ſont les mêmes que ceux d' une ſection conique exprimée par $\frac{1}{r} = \frac{1}{p-b} - \frac{c.(p-b)+b}{p}$ *coſ.* v pendant que ces angles v ſont augmentés dans la raiſon de m ou $\sqrt{(1-\frac{b}{p})}$ à 1 ; ou ce qui revient au même que la force $\frac{b}{r^3}$, outre le changement de parametre & de l'excentricité de la ſection conique indiqués par les equations précedentes, donne à l'apſide un mouvement qui eſt à celui de la Planete comme $\sqrt{(1-\frac{b}{p})}-1$ à 1.

XII.

Au reſte il faut avouer qu'on trouvera peu de cas où l'on parvient avec la même facilité à determiner la vraie Equation de l'orbite, & que l'on en eſt bien eloigné pour celle des Planetes. Mais la methode précedente n'en ſera pas d'un uſage moins réel en donnant une conſtruction de ces orbites par une approximation auſſi exacte qu'on voudra. Car cette methode eſt non ſeulement applicable lorsqu'on a la forme des termes de l'equation, mais elle eſt propre à determiner cette forme elle même.

En faiſant uſage de cette methode comme on n'a beſoin d'abord que de connoitre à peu près l'orbite pour determiner la quantité Ω il ſembleroit qu'il ſuffiroit de prendre pour ſon Equation $\frac{1}{r}=\frac{1}{p}-\frac{c}{p}$ *coſ.* v qui eſt celle de l'Ellipſe, qu'on auroit ſans les forces perturbatrices Φ & Π. Mais il eſt aiſé de voir que cette ſuppoſition eſt trop eloignée de la verité puisqu'elle exprime une Ellipſe immobile fort differente de l'orbite réelle qui ſe meut & qui après une demie revolution de l'apſide, s'ecarteroit aſſés de l'orbite immobile pour rendre le raion vecteur trop grand ou trop petit d'une quantité égale au double de l'excentricité.

Afin donc d'approcher du but, autant qu'il eſt poſſible du premier coup, il faudra en determinant Ω prendre pour $\frac{1}{r}$ une quantité comme $\frac{1}{k}-\frac{e}{k}$ *coſ.* mv qui feroit fa valeur dans une ellipfe mobile, telle que font à peu près toutes les orbites des Planetes. Nous nous conduirons de la même maniere que dans l'Art. précedent pour identifier une femblable equation avec l'equation générale $\frac{1}{r} = \frac{1}{p} - \frac{c}{p} \, cof. \, v + \Delta$. Nous rendrons les indeterminées de l'equation fuppofée telles que cette equation s'accorde avec l'equation générale dans tous les termes qui pourront s'y rapporter. Quant à ceux qui fe rencontreront de plus, & qui prouvent que la fuppofition faite n'eft pas exactement la vraie, ils fervent à faire connoître lorsqu'ils font affectés de plus petits coëfficiens que les premiers quelle eft la nature des termes qu'on auroit dû ajouter à $\frac{1}{k} - \frac{e}{k} \, cof. \, m \, v$ pour exprimer $\frac{1}{r}$.

Introduifant alors ces termes avec des coëfficiens indeterminés dans la valeur de Ω on formera une feconde equation, qui après l'identification de fes premiers termes avec ceux de l'Equation fuppofée, approchera infinement plus de la vraie que la prémiere & pourra même en tenir lieu abfolument, fi les nouveaux termes introduits par cette feconde equation ont des coefficiens affés petits pour être negligés & fi l'on a fait entrer dans la determination des forces Φ & Π toutes les confiderations qui doivent introduire les efpeces de termes effentiels à confiderer.

Comme ces confiderations font en grand nombres & qu'elles compliqueroient trop l'attention du Lecteur fi l'on y avoit égard à la fois nous allons commencer par le cas le plus fimple, celui où les deux orbites du Soleil & de la Lune font dans le même plan, & où l'on fuppofe celle du Soleil fans excentricité. Nous n'aurons pas même attention d'abord à la parallaxe du Soleil.

XIII.

PROBLEME IV.

On demande l'orbite CL *decrite par la Lune* L *autour de la Terre* T, *en ſuppoſant que le Soleil ſoit dans le même plan de cette orbite & que ſon orbe apparent autour de la Terre ſoit un cercle* S γ *dont le centre eſt* T *& dont la deſcription eſt uniforme.* Fig. 2.

§. 1. Suppoſons qu' au commencement du mouvement les deux aſtres ſoient dans la ligne TCγ, & qu'après un tems quelconque le Soleil ſe trouve en S & la Lune en L; nommons en ſuite M la ſomme des maſſes de la Terre & de la Lune, N celle du Soleil, f le raion ſuppoſé conſtant de l' orbite du Soleil, r le raoin variable TL de l'orbite de la Lune, t l'angle STL, ou la diſtance de la Lune au Soleil, v l' angle CTL, z l'angle γ TS. La Theorie des forces fera voir aſſés facilement que la Lune qui ſeroit pouſſée vers la Terre par la ſeule force $\frac{M}{rr}$, ſans l'action du Soleil reçoit de plus à cauſe de cette action une force $\frac{N}{SL^3}$ vers S pendant que la Terre eſt pouſſée vers le même point par une force $\frac{N}{ST^2}$, & que l'action reſultante de ces deux forces pour troubler les mouvemens de la Lune ſe reduit à une prémiere force N $\left(\frac{ST}{SL^3} - \frac{1}{ST^2}\right)$ qui pouſſe la Lune de L vers H dans la parallele LH à TS, & à une ſeconde, $\frac{N.LT}{SL^3}$ qui la pouſſe vers T. On verra en ſuite en prenant SL pour la droite SK compriſe entre S & la perpendiculaire LK à ST, & en negligeant les ſecondes puiſſances de $\frac{LT}{ST}$ qu' au lieu de N $\left(\frac{ST}{SL^3} - \frac{1}{ST^2}\right)$ on peut ſe contenter de $\frac{3N.TK}{ST^3}$ & de même qu' au lieu de $\frac{N.LT}{ST^3}$ on peut ſubſtituer $\frac{N.LT}{SL^3}$.

Par ce moien les deux forces précedentes se reduiront à $\frac{3N.r\,cos.\,t}{f^3}$ & $\frac{Nr}{f^3}$ mais la force $\frac{3N.r\,cos.\,t}{f^3}$ suivant LH se peut decomposer en $\frac{3Nr\,cos.\,t}{f^3} \times cos.\,t$ ou $\frac{3N.r}{2f^3}(1 + cos.\,2t)$ suivant LT & en $\frac{3N.r\,cos.\,t}{f^3} \times sin.\,t$ ou $\frac{3Nr\,sin.\,2t}{2f^3}$ suivant la perpendiculaire à LT.

Retranchant donc la Ire de $\frac{Nr}{f^3}$ il est evident qu' on aura la force totale $\Phi = -\frac{Nr}{2f^3} - \frac{3Nr\,cos.\,2t}{2f^3}$ par la quelle le Soleil tire la Lune vers T & que Π ou la force suivant la perpend. LO à cette direction sera $-\frac{3Nr\,sin.\,2t}{2f^3}$.

§. 2. Cela posé, il est clair que les quantités $\Phi = \int \frac{\pi r^2 dv}{pm}$ & $\Omega = \frac{\frac{\phi rr}{M} + \frac{\pi r dr}{M dv} - 2\varrho}{1 + 2\varrho}$ de la solution générale le deviendront, ou $\varrho = -\frac{3\alpha k}{2p}\int \frac{r^4}{k^4} sin.\,2t.\,dv$, $\Omega = \frac{-\frac{\frac{1}{2}\alpha r^3}{k^3} - \frac{3\alpha r^3}{2k^3} cos.\,2t - \frac{3\alpha rr dr}{2k^3 dv} sin.\,2t - 2\varrho}{1 + 2\varrho}$ en supposant que α ait été mis à la place de $\frac{Nk^3}{Mf^3}$.

§. 3. Il ne s' agit donc plus que de chasser r & t de ces expressions & de reduire Ω à une suite de cosinus de multiple de v afin d' emploier le Lemme.

A l' égard de r rien ne sera plus facile si l' on prend comme nous l' avons indiqué Article XII. $\frac{1}{r} = \frac{1}{k} - \frac{e}{k} cos.\,mv$; car l' on tirera aisément de cette valeur en faisant $a = 1 + 3e^2$, $é = e + \frac{5}{2}e^3$, $à = 1 + 5ee$, $è = e + \frac{25e^3}{4}$, $\breve{a} = 1 + \frac{3}{2}ee$.

$\frac{r^3}{k^3} = a + 3é\,cos.\,mv + 3ee\,cos.\,2mv$, $\frac{3r^2 dr}{dv} = -3é\,m\,sin.\,mv - 6ee\,m\,sin.\,2mv$

$\frac{r^4}{k^4} = à + 4è\,cos.\,mv + 5ee\,cos.\,2mv$, $\frac{r^2}{k^2} = \breve{a}(1 + 2e\,cos.\,mv + \frac{3}{2}ee\,cos.\,2mv)$

§. 4. Quant à t, il sera un peu plus difficile à faire evanouïr parce qu'il est la difference des angles z & v dont il faut trouver la relation pour un même instant.

Or cette relation sembleroit d'abord exiger qu'on connût l'orbite & l'expression du tems employé à parcourir un de ses arcs quelconques ; c'est à dire la solution du Probleme même qu'on cherche ; mais si l'on fait attention a ce que nous pouvons negliger en vertu de la petitesse des termes de Ω & de ϱ, nous verrons que dans cette determination du tems il suffira de prendre la formule $\int \frac{rr\,dv}{\sqrt{Mp}}$ au lieu de $\int \frac{rr\,du}{\sqrt{pM \times (1 + 2\varrho)}}$ qu'elle est reellement, & que dans cette même formule $\int \frac{rr\,dv}{\sqrt{pM}}$ il suffira de faire $r = \frac{1}{k} - \frac{e}{k} \cos. mv$.

Par ce moyen on aura pour l'expression du tems par l'arc C L en negligeant les troisiemes puissances de e, $\frac{\delta k^3}{\sqrt{pM}} (v + \frac{2e}{m} \sin. mv + \frac{3ee}{4m} \sin. 2mv)$ Mais le tems par l'arc γ L decrit par le même tems par le Soleil seroit $\frac{f^{\frac{3}{2}} z}{\sqrt{N}}$ ou $\frac{f^{3}(v-t)}{\sqrt{N}}$. Egalant donc ces deux quantités & nommant pour abreger $1 - \frac{1}{n}$ la constante $\frac{\delta k^2 \sqrt{N}}{p\sqrt{M}. f\sqrt{f}}$, qui n'est autre chose que le rapport du mouvement du Soleil au mouvement moyen de la Lune, on aura l'equation $(1 - \frac{1}{n}) \times (v + \frac{2e}{m} \sin. mv + \frac{3ee}{4m} \sin. 2mv) = v - t$, d'où l'on tire $t = \frac{v}{n} - \beta \sin. mv - \delta \sin. 2mv$, en faisant $\beta = \frac{2e}{m}(1 - \frac{1}{n})$, $\delta = \frac{3ee}{4m}(1 - \frac{1}{n})$.

§. 5. Pour tirer maintenant de cette valeur de t celle de $\sin. 2t$ & de $\cos. 2t$ qui entrent dans les valeurs de ϱ & de Ω que nous venons de trouver, nous regarderons la valeur $\frac{2v}{n} - 2\beta \sin. mv - 2\delta \sin. 2mv$ de $2t$ comme la somme d'un angle $\frac{2v}{n}$, & d'un autre $-2(\beta \sin. mv + \delta \sin. nv)$ & alors la formule générale du sinus de la somme de deux angles donnés nous donera

$\mathit{sin}.\,2t = \mathit{sin}.\,\frac{2v}{n} \times \mathit{cos}.\,(2\beta\ \mathit{sin}.\,mv + \delta\ \mathit{sin}.\,2mv) - \mathit{cos}.\,\frac{2v}{n} \times \mathit{sin}.\,(2\beta\ \mathit{sin}.\,mv + \delta\ \mathit{sin}.\,2mv)$. Mais vû la petitesse de β & de δ & les termes que nous pouvons nous permettre de negliger dans cette premiere approximation cette expression se reduira à $\mathit{sin}.\,\frac{2v}{n} - \mathit{cos}.\,\frac{2v}{n} \times (2\beta\ \mathit{sin}.\,mv + \delta\ \mathit{sin}.\,2mv)$ c'est à dire que l'on aura $\mathit{sin}.\,2t = \mathit{sin}.\,\frac{2v}{n} + \beta\ \mathit{sin}.\,(\frac{2}{n} - mv) - \beta\ \mathit{sin}.\,(\frac{2}{n} + mv) + \delta\ \mathit{sin}.\,(\frac{2}{n} - 2mv) - \delta\ \mathit{sin}.\,(\frac{2}{n} + 2mv.)$ De la même maniere on trouvera $\mathit{cos}.\,2t = \mathit{cos}.\,\frac{2v}{n} + \beta\ \mathit{cos}.\,(\frac{2}{n} - mv) - \beta\ \mathit{cos}.\,(\frac{2}{n} + mv) + \delta\ \mathit{cos}.\,(\frac{2}{n} - 2mv) - \delta\ \mathit{cos}.\,(\frac{2}{n} + 2mv.)$

§. 6. Par ces valeurs & par celles des puissances de r qu' on vient de trouver §. 3 on aura facilement $\frac{r^4}{k^4}\,\mathit{sin}.\,2t = \grave{u}\,\mathit{sin}.\,\frac{2v}{n} + (2\grave{e} + \grave{a}\beta)\,\mathit{sin}.\,(\frac{2}{n} - mv) + (3\grave{e} - \grave{a}\beta) \times \mathit{sin}.\,(\frac{2}{n} + mv) + (5e^2 + \grave{a}\delta + 2\grave{e}\beta)\,\mathit{sin}.\,(\frac{2}{n} - 2mv)$ & par conséquent ϱ ou $-\frac{3\alpha k}{2p}\int \frac{r^4}{k^4}\,\mathit{sin}.\,2t\,dv = \mathrm{a}\,\alpha\,\mathit{cos}.\,\frac{2v}{n} + \mathrm{b}\,\alpha\,\mathit{cos}.\,(\frac{2}{n} - mv) + \mathrm{c}\,\alpha\,\mathit{cos}.\,(\frac{2}{n} + mv) - \mathrm{d}\,\alpha\,\mathit{cos}.\,(\frac{2}{n} - 2mv) - p\alpha$, en faisant $\mathrm{a} = \frac{3k\grave{a}n}{4p}$, $\mathrm{b} = \frac{3k}{2p}\left(\frac{2\grave{e} + a\beta}{\frac{2}{n} - m}\right)$ $\mathrm{c} = \frac{3k}{2p}\left(\frac{2\grave{e} - \grave{a}\beta}{\frac{2}{n} + m}\right)$.

$$\mathrm{d} = \frac{3k}{2p}\left(\frac{5e^2 + \grave{a}\delta + 2\grave{e}\beta}{2m - \frac{2}{n}}\right).\quad \mathrm{p} = \mathrm{a} + \mathrm{b} + \mathrm{c} - \mathrm{d}.$$

La constante $p\alpha$ a été ajoutée en integrant & prise telle que la quantite ϱ soit nulle à l' origine des v où l'on suppose qu' a commencé tout le mouvement. Quant aux termes affectés d' autres multiples de v, tels que $\frac{4v}{n}$, $(\frac{2}{n} + 2mv)$ &c. on les a negligés à cause qu' ils sont fort petits & que dans le passage de Ω à Δ ils diminueroient encore.

§. 7.

§. 7. Faisant de même

$$(a) = \tfrac{3}{2}a,\ (b) = \tfrac{3}{2}a\beta + \tfrac{9}{4}\acute{e},\ (c) = \tfrac{9}{4}\acute{e} - \tfrac{3}{2}\beta a,\ (d) = \tfrac{3}{2}a\delta + \tfrac{9}{4}\acute{e}\beta + \tfrac{9}{4}ee$$

$$[a] = \tfrac{3}{2}\acute{e}m\beta,\ [b] = \tfrac{3}{4}\acute{e}m,\ [c] = \tfrac{3}{4}\acute{e}m,\ [d] = \tfrac{3}{4}\acute{e}m\beta + \tfrac{3}{2}eem$$

on aura $-\frac{3r^3\alpha\,cos.\,2t}{2k^3} = -(a)\,\alpha\,cos.\,\frac{2v}{n} - (b)\,\alpha\,cos.(\frac{2}{n} - mv) - (c)\,\alpha\,cos.(\frac{2}{n} + mv) - (d)\,\alpha\,cos.(\frac{2}{n} - 2mv)$

& $-\frac{3r^2\alpha\,dr\,sin.\,2t}{2k^3\,dv} = -[a]\,\alpha\,cos.\,\frac{2v}{n} + [b]\,\alpha\,cos.(\frac{2}{n} - mv) - [c]\,\alpha\,cos.(\frac{2}{n} + mv) + [d]\,\alpha\,cos.(\frac{2}{n} - 2mv)$

§. 8. Or toutes ces valeurs etant introduites dans l' expression générale de Ω, ou simplement dans celle de son numerateur, auquel on peut reduire cette quantité pour la 1ere aproximation, à cause de la petitesse de 2ϱ auprés de l' unité, & faisant de plus

$A = 2a + [a] + (a)$, $B = 2b - [b] + (b)$, $C = 2c + [c] + (c)$
$D = 2d + [d] - (d)$, $E = \tfrac{3}{2}\acute{e}$ $\qquad P = 2p - \tfrac{a}{2}$

Nous aurons

$$\Omega = -A\,\alpha\,cos.\,\frac{2v}{n} - B\alpha\,cos.(\frac{2}{n} - mv) - C\alpha\,cos.(\frac{2}{n} + mv) + D\alpha\,cos.(\frac{2}{n} - 2mv) - E\alpha\,cos.\,mv + P\alpha.$$

La substitution de cette quantité faite dans la valeur générale de Δ donnée Art. VI. changera l' equation générale de l' orbite en

$$\frac{1}{r} = \frac{1}{p} - \frac{1}{p}\left(c + \frac{A\alpha}{\frac{4}{nn} - 1} + \frac{B\alpha}{(\frac{2}{n} - m)^2 - 1} + \&c.\right) cos.\,v + \frac{A\alpha}{p(\frac{4}{nn} - 1)}\,cos.\,\frac{2v}{n}$$
$$+ \frac{P\alpha}{p} - \frac{B\alpha}{p(1 - (\frac{2}{n} - m)^2)}\,cos(\frac{2}{n} - mv) + \frac{C\alpha}{p((\frac{2}{n} + m)^2 - 1)}\,cos.(\frac{2}{n} + mv)$$
$$+ \frac{D\alpha}{p(1 - (2m - \frac{2}{n})^2)}\,cos.(\frac{2}{n} - 2mv) - \frac{E\alpha}{p(1 - mm)}\,cos.\,mv$$

qui en ſuppoſant que k, p, c, e, m, aient entr' elles la relation que demandent les equations

$$1 + P\alpha = \frac{p}{k}, \quad c + \frac{A\alpha}{\frac{4}{nn} - 1} - \frac{B\alpha}{1 - (\frac{2}{n} - m)^2} - \&c. = 0$$

$$e = \frac{E\alpha k}{p(1 - mm)}; \text{ \& en faiſant } \frac{A\alpha k}{p(\frac{4}{nn} - 1)} = \beta, \quad \frac{B\alpha k}{p(-(\frac{2}{n} - m)^2)} = \gamma$$

$$\frac{C\alpha k}{p((\frac{2}{n} + m)^2 - 1)} = \delta, \quad \frac{D\alpha k}{p(1 - (\frac{2}{n} - m)^2)} = \zeta$$

ſe reduira à $\frac{k}{r} = 1 - e\, coſ.\, mv + \beta\, coſ.\, \frac{2v}{n} - \gamma\, coſ.(\frac{2}{n} - mv) + \delta\, coſ.(\frac{2}{n} + mv) - \zeta\, coſ.(\frac{2}{n} - 2mv)$

dont les prémiers termes ſont les mêmes que ceux de l' equation ſuppoſée & dont les autres ſeront aſſez petis. Ainſi que le calcul ſuivant va le prouver, pour convaincre de la bonté de la ſolution précedente & pour montrer ce qu' on peut eſperer d' une ſeconde approximation dans la quelle on féroit entrer ces mêmes termes dans la valeur aſſignée à r.

XIV.

Application de la Solution du Probleme précedent.

§. 1. Il eſt queſtion maintenant de paſſer aux nombres. Dans cette vuë ſoit fait $e = 0,05505$ ce qui eſt l' excentricité moienne qué les Aſtronomes ſuppoſent à l' orbite de la Lune, ſoit mis en ſuite 0,0748 à la place de $1 - \frac{1}{n}$ qui exprime le raport du mouvement moien du Soleil à celui de la Lune.

A l' égard de α ou $\frac{Nk^3}{Mf}$ qui ne peut pas s' ecarter beaucoup du raport qui eſt entre le quarré du tems periodique moien de la Lune & celui du Soleil, nous le supposerons d' abord égal à ce raport même, c' est-à-dire de 0,005595. Ces élemens que les observations donnent & qui sont des conditions du Probleme vont nous suffire pour determiner tout le reste.

§. 2. On voit d' abord que l' equation $c + \frac{A\alpha}{\frac{4}{nn} - 1}$ $-$&c.$=0$ qui donneroit la relation entre c & e est inutile à emploier, parce que la valeur de c n' influe sur aucune des autres quantités du Probleme & qu' il n' importe pas de savoir la difference de l' excentricité réelle de l'orbite actuelle de la Lune à celle quelle auroit eu sans les forces perturbatrices du Soleil.

§. 3. Quant à l' equation $1 + P\alpha = \frac{p}{k}$ dont l'usage seroit de determiner le raport de k à p ou du parametre de l' Ellipse primitive qu' auroit été l' orbite da la Lune à celui de l' orbite réelle, elle ne seroit pas plus utile sous ce point de vue que la 1ere, mais comme le raport $\frac{k}{p}$ entre dans toutes les valeurs, dont nous avons besoin, il nous faudra de toute necessité faire usage de cette equation.

§. 4. La 3eme Equation $e = \frac{E\alpha k}{p(1-mm)}$ contient un élement bien important de la Theorie de la Lune, la determination du mouvement de son apogée qui depend de la connoissance de m puisque $1-m$ a le même rapport à 1 que le mouvement de l' apogée à celui de la Lune, mais il s' en faut bien que cette determination se puisse tirer ainsi d' une prémiere operation; car quoique cette operation n' ecarte pas beaucoup du vrai pour les valeurs des lettres β, γ &c. elle conduit à peine à la moitié de ce qu'on devroit trouver pour le raport cherché $1-m$, heureusement m étant par elle même très peu differente de l' unité nous ne nous embarasserons pas d' abord de la connoître exactement & nous nous contenterons de la faire $=1$ dans la determination de β, γ &c. remettant à corriger en suite les valeurs de ces quantités quand nous la connoîtrons mieux.

§. 5. De cette supposition & des valeurs qu'on vient d' assigner $\grave{a}\, e$, $e - \frac{1}{n}$, α nous tirerons

$\alpha = 1,0091$, $\grave{a} = 1,0151$, $\acute{e} = 0,0555$, $\grave{e} = 0,0557$,

$\frac{2e\left(1-\frac{1}{n}\right)}{m}$ ou $\epsilon = 0,00824$, $ee = 0,00303$, $\frac{3ee}{4m}\left(1-\frac{1}{n}\right)$ ou

$\delta = 0,00017$

$(a) = 1,5136$ $(b) = 0,1374$ $(c) = 0,1124$ $(d) = 0,00718$.

$[a] = 0,0007$ $[b] = 0,0416$ $[c] = 0,0416$ $[d] = 0,00458$.

§. 6. Quant aux coefficiens a, b, c, d, de la valeur de p comme ils renferment $\frac{k}{p}$ qui ne peut être connû qu' après la resolution de l' equation $1 + P\alpha = \frac{p}{k}$ dans la quelle P depend lui même de $\frac{K}{p}$ nous ne pourrons les trouver qu' en profitant (ainsi que l' on a fait pour m) de ce que $\frac{k}{p}$ est peu different de l' unité & nous le supposerons d' abord $= 1$. Par ce moien nous aurons

$a = 0,8229$. $b = 0,2107$, $c = 0,0543$, $d = 0,0869$,

p ou $a + b + c - d = 1,001$ & par consequent

$A = 3,1595$, $B = 0,5172$, $C = 0,2627$, $D = 0,1712$,

$P = 1,4975$. Cette valeur de P étant substituée dans $1 + P\alpha = \frac{p}{k}$ donnera $\frac{p}{k} = 1,00838$ & par consequent $\frac{k}{p} = 0,9917$; corrigeant donc a, b, c, d, dans la raison de 1 à 0,9917 nous aurons plus exactement ces quantités & appliquant le double de leur correction à A, B &c. nous aurons pour leurs secondes valeurs

$A = 3,1557$; $B = 0,5162$; $C = 0 2624$; $D = 0,1708$

& par conséquent
$\beta = 0,00722$, $\gamma = 0,01035$, $\delta = 0,000205$, $\zeta = 0,00097$ parmi les quelles γ & ζ seront celles où la substitution de 1 pour m au lieu de sa vraie valeur produit la plus grande erreur à cause que les diviseurs $2m - \frac{2}{n}$ de d, & $1 - (\frac{2}{n} - m)^2$ de B en sont le plus alterés, vû leur petitesse.

XV.

Remarques sur le mouvement de l' Apogée.

Voions maintenant ce que la 3ème Equation $e = \frac{E\alpha k}{p(1 - mm)}$ ou $1 - mm = \frac{E\alpha k}{ep}$ donneroit par raport à la valeur de m, E étant parce que nous avons vû $= \frac{1}{2} e$ ou 0, 0832; $\frac{K\alpha}{p} = 0,005595 \times 0,9917$ ou 0, 00555, nous tirerons de cette equation $1 - mm = 0,008388$ ou $1 - m = 0,004186$ c'est-à-dire que le mouvement de l'apogée qui doit être à celui de la Lune comme 0,008455 à 1 ne feroit que comme 0,004186 à 1. Donc ou l'attraction Newtoniene ne donne point ce vrai mouvement, ou la solution précedente n'est pas propre à la determiner. Or un peu de reflexion sur les attentions que nous avons recommandées Art: VIII. nous va montrer que l'on ne doit pas compter sur l'exactitude de l'operation précedente pour cet élement de la theorie de la Lune, & nous montrera qu'elle peut être corrigée tres facilement par l'operation subséquente.

Car il est evident, que si la valeur de $\frac{k}{r}$ substituée dans ϱ, dans $\frac{3rrdr\,sin.\,2t}{2k^2dv}$, & $\frac{3r^3\,cos.\,2t}{2k^3}$ avoit contenu comme elle le doit, outre $1 - e\,cos.\,mv$ les termes $\beta\,cos.\,\frac{2v}{n} - \gamma\,cos.\,(\frac{2}{n} - m)v$)&c. dont nous venons d'apprendre qu' elle est composée, le produit des termes de cette espece, sur tout ceux qui sont des multiples de $cos. (\frac{2}{n} - mv)$ renfermés dans $\frac{r^3}{k^3}$, $\frac{r^4}{k^4}$, avec les $sin. \frac{2}{n} v$ & $cos. \frac{2v}{n}$ & autres termes de $sin. 2t$ & $cos. 2t$ auroit introduit d'autres termes que $\frac{3}{2} e$ dans la valeur de E.

Pour en donner une idée ne prenons que le terme $\gamma cos. (\frac{2}{n} - mv)$ de $\frac{k}{r}$, qui est celui dont l'effet est sans comparaison le plus sensible. Ce terme ajoutant à peu près $4 \gamma cos. (\frac{2}{n} - mv)$ à $\frac{v^4}{k^4}$ nous aurons pour le produit de $\frac{r^4}{k^4}$ par $- \frac{3k\alpha}{2p} sin. 2t$ & par conséquent pour accroissement à ϱ le terme $\frac{3k\alpha}{pm} \gamma cos. mv$ dont le double pris en − devra être joint à Ω par cette correction. On aura de la même maniere $\frac{9}{4} \gamma \alpha cos. mv$ pour la correction de $\frac{3}{2} r^3 \alpha cos. 2t$ duë à la même attention, & $- \frac{3}{4} \gamma (\frac{2}{n} - m) \alpha$ pour celle de $\frac{3rr\alpha dr sin. 2t}{2dv}$; en sorte que Ω recevra par ces trois corrections le terme $- (\frac{6k}{pm} + \frac{9}{4} - \frac{3}{4} \times \overline{\frac{2}{n} - m}) \alpha \gamma cos. mv$ ou ce qui revient au même E souffrira le changement $+ (\frac{6k}{pm} + \frac{9}{4} - \frac{3}{4} (\frac{2}{n} - m)) \gamma$ qui, en nombres, sera à peu près 0,0784 fort approchant de 0,0839 qu'il avoit pour unique valeur dans le calcul précedent.

Substituant donc maintenant la nouvelle valeur de E dans l'equation $1 - mm = \frac{E\alpha k}{pe}$ on en tirera $1 - m = 0,00836$ qui est assés proche de la vraie valeur pour une determination dans la quelle on a negligé tant de petites quantités. On verra plus loin que ce rapport $1 - m$, ou le mouvement de l'apogée sera conforme à ce que les observations nous apprennent, lors qu'on aura eû egard à toutes les circonstances que demande la question, & qu'on aura mis l'exactitude necessaire dans les calculs ; c'est à-dire lorsqu'on aura fait entrer l'inclinaison reciproque des orbites de la Lune & du Soleil, l'excentricité de l'orbite du Soleil, que l'on aura introduit dans la valeur de Ω, le diviseur $1 + 2\varrho$ qui y doit être, que l'on aura substitué dans $\frac{k}{r}$ tous les principaux termes qui composent sa valeur, & mis à la place de t la valeur qui resulte de l'expression du tems corrigée par la connoissance exacte de r & de ϱ.

XVI.

Correction aux valeurs de γ & ζ & observation sur la valeur qu'on doit donner à m.

Comme nous connoissons actuellement beaucoup mieux la vraie valeur de m, il est à propos de faire une correction aux quantités précedentes γ & ζ qui suivant ce que nous avons vû Art. XIV. §. 6. sont les plus alterées par la supposition de $m = 1$ que nous avons faite d'abord.

Mais pour ne pas revenir trop de fois au même calcul, & pour ne pas compliquer inutilement des operations asses penibles, nous observerons ici & dans la suite de prendre tout d'un coup pour m sa vraie valeur 0, 991545 donnée par les observations. Il est clair qu'on en peut user ainsi, même pour quand l'on ne se seroit pas convaincû comme moi, que c'est aussi la valeur donnée par la Theorie, puisque si l'on parvient en suite dans la resolution de l'equation $1 - mm = \frac{E\alpha k}{pe}$ à retrouver cette même valeur de m, la supposition sera justifiée, &

que dans le cas ou elle ne le ſeroit pas, il auroit toûjours fallu la faire pour trouver la correction que demanderoient les forces acceleratrices. Afin de trouver la correction de γ duë à celle qu'on fait à m, en mettant 0, 991545 à sa place au lieu de 1, qu'on avoit ſuppoſé d'abord être ſa valeur, on commencera par corriger celle de b qui ſera diminuée d'environ $\frac{1}{107}$ en rectifiant ſon denominateur $\frac{2}{n} - m$, ce qui changera B en 0, 5122 au lieu de 0,5162 qu'il étoit auparavant & donnera le nouveau $\frac{B\alpha k}{p} = 0,0028427$. On diviſera en ſuite cette valeur par 0, 2624 à quoi eſt égal $1 - (\frac{2}{n} - m)^2$ lorsque m a ſa vraie valeur & l'on aura 0, 01083 pour le nouveau γ.

Corrigeant de même d dans la raiſon de ſon diviſeur $m - \frac{2}{n}$ que l'on avoit ſuppoſé de 0, 1496 au lieu de 0,1327 qu'il eſt par la vraie valeur de m, il deviendra 0,09797 & D par conſequent 0,01791, qui etant multiplié par $\frac{\alpha k}{p} = 0,00555$ & diviſé par 0, 982 valeur de $1 - (2m - \frac{2}{n})^2$ donnera 0, 00101 pour le nouveau ζ.

XVII.

De l'expreſſion du tems dans l'orbite précedente.

Après avoir ainſi determiné la valeur de $\frac{1}{r}$ il faut paſſer à celle du tems non ſeulement par ce que c'eſt la conſideration la plus importante de la Theorie de la Lune, mais par ce qu'elle eſt neceſſaire pour rectifier la valeur de α qui n'eſt pas exactement egal comme nous l'avons ſuppoſé dans le calcul précedent, au quarré du rapport

rapport qui eſt entre le tems periodique moien de la Lune & celui du Soleil. Car il eſt evident que l' expreſſion générale du tems emploié par la Lune à parcourir un angle v; ſeroit au tems emploié par le Soleil pour parcourir le même angle comme $\frac{k^2}{\sqrt{pM}}\int\frac{rrdv}{kk\sqrt{(1+2\varrho)}}$ à $\frac{f^3 v}{\sqrt{N}}$ & par conſequent que ſi T eſt le coefficient de l' angle v, après avoir integré $\int\frac{rrdv}{kk\sqrt{(1+2\varrho)}}$, $\frac{k^2 T}{\sqrt{pM}}$ ſera à $\frac{f^3}{\sqrt{N}}$ comme le tems periodique moien de la Lune eſt à celui du Soleil, ou ce qui revient au même, que la fraction $\frac{k^4 TTN}{f^3 pM}$, ou $\frac{\alpha k TT}{p}$ & non pas ſimplement α ſera ce raport.

Afin d'integrer plus commodement $\frac{rrdv}{kk\sqrt{(1+2\varrho)}}$ nous nous contenterons d'ecrire à ſa place $\frac{rrdv}{kk}(1-\varrho)$ en negligeant les ſecondes puiſſances de ϱ. Nous mettrons en ſuite à la place de $\frac{k}{r}$, la quantité $1-e\ cof.\ mv+\Xi$, dans la quelle Ξ eſt pris pour répréſenter les termes tels que $\beta\ cof.\ \frac{2v}{n}$, $\gamma\ cof.\ (\frac{2}{n}-mv)$ &c. qui entrent dans la valeur de $\frac{k}{r}$.

Par ce moien en negligeant les ſecondes puiſſances de Ξ & en gardant les mêmes denominations a, $\breve{a}$ & $\acute{e}$ que ci-deſſus & en faiſant de plus $\breve{e}=e+\frac{3}{2}e^3$ nous aurons

$$\frac{r^2}{k^2}=\breve{a}+2\breve{e}\ cof.\ mv+\tfrac{3}{2}ee\ cof.\ 2mv+e^3\ cof.\ 3mv-2a\Xi-6\acute{e}\,\Xi\ cof.\ mv$$

& partant

$$\frac{r^2}{k^2}(1-\varrho)=\breve{a}+2\breve{e}\ cof.\ mv-2a\Xi-\breve{a}\varrho-(6\acute{e}\Xi+2\breve{e}\varrho)\ cof.\ mv$$
$$+\tfrac{3}{2}ee\ cof.\ 2mv$$
$$+e^3\ cof.\ 3mv$$

Il ne faudra donc plus que ſubſtituer dans cette quantité pour Ξ et ϱ leurs valeurs

$\beta\ cof.\ \frac{2v}{n}-\gamma\ cof.(\frac{2}{n}-mv)+\delta\ cof.(\frac{2}{n}+mv)+\zeta\ cof.(\frac{2}{n}-2mv)$ &

$a\alpha\ cof.\ \frac{2v}{n}+b\alpha\ cof.(\frac{2}{n}-mv)+c\ cof.(\frac{2}{n}+mv)-d\ cof.(\frac{2}{n}-2mv)+p\alpha$, multiplier en ſuite le tout par dv & integrer, afin d'avoir la valeur de la quantité cherchée $\int \frac{rr\,dv}{k^2}(1-\varrho)$ qui ſera par conſequent $(\breve{a}+\breve{a}p\alpha)v+\left(\frac{3\breve{e}+2p\alpha}{m}\right)$ *ſin.* $mv+\frac{3ee}{4m}$ *ſin.* $2mv$ $+\frac{e^3}{3m}$ *ſin.* $3mv-\left(\frac{\breve{a}a\alpha+2a\beta-3\acute{e}\gamma+\breve{e}b\alpha+3\acute{e}\delta+\breve{e}c\alpha}{\frac{2}{n}}\right)$ *ſin.* $\frac{2}{n}v$ $+\frac{2a\gamma-b\breve{a}\alpha-3e'\beta-\breve{e}a\alpha-3\zeta e'+\breve{e}d\alpha}{\frac{2}{n}-m}$ *ſin.* $\left(\frac{2}{n}-mv\right)$ $-\frac{2\delta a+\breve{a}c\alpha+3e'\beta+\breve{e}a\alpha}{\left(\frac{2}{n}-m\right)}$ *ſin.* $\left(\frac{2}{n}+mv\right)-\frac{3e'\gamma+\breve{a}d\alpha-2a\zeta-\breve{e}b\alpha}{2m-\frac{2}{n}}\times$ *ſin.* $\left(\frac{2}{n}-2mv\right)+\frac{3\zeta e'-\breve{e}d\alpha}{3m-\frac{2}{n}}$ *ſin.* $\left(\frac{2}{n}-3mv\right)-\frac{3\delta e'+\breve{e}c\alpha}{\frac{2}{n}+2m}\times$ *ſin.* $\left(\frac{2}{n}+2mv\right)$.

Ainſi $\breve{a}+\breve{a}p\alpha$ eſt le coefficient T dont nous venons de voir que nous avions beſoin pour determiner la valeur de α & l' equation qui la determinera ſera $(\breve{a}+\breve{a}p\alpha)^2\times\frac{\alpha k}{p}=0,005595$, dans la quelle faiſant $\breve{a}=1,00456$, $p=0,9879$, $\frac{k}{p}=0,9917$, on trouvera $\alpha=0,00553$ qui ſervira à corriger les valeurs précedentes de ϱ de Ξ qui lui ſont proportionelles & donneront par conſequent $\alpha a=0,004551$, $\alpha b=0,001156$, $\alpha c=0,000301$, $\alpha d=0,000542$, $\alpha p=0,005466$, $\beta=0,007136$, $\gamma=0,010704$, $\delta=0,000203$, $\zeta=0,00998$; ſubſtituant en ſuite ces valeurs dans l' expreſſion qu' on vient de trouver du tems, elle ſe changera enfin en

$$[\ldots]099\,v+0,112151\ \textit{ſin.}\ mv-0,009352\ \textit{ſin.}\ \frac{2v}{n}+0,021966\ \textit{ſin.}\left(\frac{2}{n}-mv\right)-0,000757\ \textit{ſin.}\left(\frac{2}{n}+mv\right)-0,00129\ \textit{ſin.}\left(\frac{2}{n}-2mv\right)$$
$$+0,002292\ \textit{ſin.}\ 2mv\qquad+0,000121\ \textit{ſin.}\left(\frac{2}{n}-3mv\right)-0,000005\ \textit{ſin.}\left(\frac{2}{n}+2mv\right)$$
$$+0,000056\ \textit{ſin.}\ 3mv$$

qui pourroit bien ſubir encore quelques corrections en emploiant la nouvelle valeur de α qu' on vient de trouver à rectifier $\frac{k}{p}$ & par conſequent a, b, c, d, & de même A, B, C, D, β, γ &c. mais comme toutes ces corrections ſeroient inferieures à celles que fournit l' operation par la quelle on ſubſtitue dans Ω à la place de $\frac{k}{r}$, $1 - e\, cof.\, mv + \Xi$ (au lieu de prendre ſimplement comme nous avons fait $1 - c\, cof.\, mv$) nous ne nous attacherons pas à pouſſer plus loin l' exactitude de cette ſolution & nous paſſerons à l' examen des autres circonſtances que doit embraſſer la vraie determination de l' orbite de la Lune.

XVIII.

De la maniere d' avoir égard à l' excentricité de l' orbite du Soleil.

En réprenant la ſolution du Probleme précedent, on decouvre aiſement deux points ſur lesquels la conſideration de l' excentricité du Soleil doit apporter du changement & introduire de nouveaux termes dans l' equation de l' orbite de la Lune, l' une eſt la ſuppoſition de la diſtance S T égale à une conſtante f, l' autre l' uniformité de la deſcription de l' angle z par le Soleil, qui donnoit pour l' expreſſion du tems $\frac{f^{\frac{3}{2}} z}{\sqrt{N}}$. Ces deux ſuppoſitions n' étant plus permiſes lorsqu' on a égard à l' excentricité, il faut donner la maniere de les corriger. Fig. 2.

On commencera par remettre ſous le ſigne $\int$ de la valeur de ϱ la lettre f qui eſt compriſe dans la valeur de α & l' on écrira ainſi cette valeur $- \frac{3k}{2p} \int \frac{N k^3}{M f^3} \,fin.\, 2\, t\, dv$.

Mais pour ſimplifier également cette expreſſion & nous rapprocher autant que nous pourrons du calcul précedent, nous garderons la conſtante f pour exprimer le demi-parametre de l' ellipſe ſuppoſée decrite par le Soleil ; alors nommant l la diſtance variable S T & ſuppoſant toûjours $\alpha = \frac{Nk^3}{Mf^3}$ nous aurons $\varrho = -\frac{3k\alpha}{2p}\int\frac{r^4}{k^4}\frac{f^3}{l^3}\,\text{ſin.}\,2t\,dv$ &

$$\Omega = -\frac{\frac{1}{2}\alpha\frac{r^3}{k^3}\cdot\frac{f^3}{l^3} - \frac{3\alpha r^3}{2k^3}\cdot\frac{f^3}{l^3}\,\text{coſ.}\,2t - \frac{3\alpha r^2 dr}{2k^3 dv}\cdot\frac{f^3}{l^3}\,\text{ſin.}\,(2t-2\varrho)}{1+2\varrho}$$

Suppoſant en ſuite que if ſoit l' excentricité de l' orbite du Soleil, la valeur de l ſera $\frac{f}{1-i\,\text{coſ.}\,z}$, d' où l' on tirera, en n' exigeant pas d' abord plus d' exactitude dans le calcul que l' on n' en a mis dans la ſolution du Probleme précedent, $\frac{f^3}{l^3} = 1 + 3i\,\text{coſ.}\,z$, $\frac{f^4}{l^4} = 1 + 4i\,\text{coſ.}\,z$, Tems par z

$= \frac{f^{\frac{3}{2}}}{\sqrt{N}}(z + 2i\,\text{ſin.}\,z)$. De là l' equation qui donne la valeur de t au lieu d' étre comme dans le §. 4 du Probleme précedent $(1-\frac{1}{n})\times(v + \frac{2e}{m}\,\text{ſin.}\,mv + \frac{3e^2}{4m}\,\text{ſin.}\,2mv) = v-t$, ſera $(1-\frac{1}{n})v\times(v + \frac{2e}{m}\,\text{ſin.}\,mv + \frac{3ee}{4m}\,\text{ſin.}\,2mv) = v - t + 2i\,\text{ſin.}\,v-t)$ ou ſimplement $= v - t + 2i\,\text{ſin.}\,(1-\frac{1}{n})v$, en mettant dans le terme $2i\,\text{ſin.}\,v-t$, en conſequence de ce que la petiteſſe de i permet de negliger, $(1-\frac{1}{n})v$ à la place de z qui en differe peu.

Par ce moien, en gardant les mêmes denominations que ci-deſſus, on aura

$t = v - \beta\,\text{ſin.}\,mv - \delta\,\text{ſin.}\,2mv + 2i\,\text{ſin}\,(1-\frac{1}{n})v$, qui donneroit

$$\text{ſin.}\,2t = \text{ſin.}\,\frac{2v}{n} - \beta\,\text{ſin.}\,(\frac{2}{n}+mv) - \delta\,\text{ſin.}\,(\frac{2}{n}+2mv) - 2i\,\text{ſin.}\,(1+\frac{1}{n})v$$
$$+ \beta\,\text{ſin.}\,(\frac{2}{n}-mv) + \delta\,\text{ſin.}\,(\frac{2}{n}-2mv) + 2i\,\text{ſin.}\,(\frac{3}{n}-1)v \;\&$$

$$\text{coſ}\,2t = \text{coſ.}\,\frac{2v}{n} - \beta\,\text{coſ.}\,(\frac{2}{n}+mv) - \delta\,\text{coſ.}\,(\frac{2}{n}+2mv) - 2i\,\text{coſ.}\,(1+\frac{1}{n})v$$
$$+ \beta\,\text{coſ.}\,(\frac{2}{n}-mv) + \delta\,\text{coſ.}\,(\frac{2}{n}-2mv) + 2i\,\text{coſ}\,(\frac{3}{n}-1)v.$$

Se contentant de même dans les termes $3i\,\text{coſ.}\,z$ &

$4 i \cos. z$ de faire, à cauſe de la petiteſſe de i, $z = (1 - \frac{1}{n}) v$, on aura $\frac{f^3}{r^3} = 1 + 3 i \cos. (1 - \frac{1}{n}) v$ & $\frac{f^4}{r^4} = 1 + 4 i \cos. (1 - \frac{1}{n}) v$. Cela poſé le calcul n' aura plus aucune difficulté & s' achevera comme celui de la ſolution préceden-te. Je n' en donne pas le detail non ſeulement par ce qu' il eſt inutile pour des juges auſſi eclairés que ceux à qui ſe préſente cet ouvrage, & qu'il eſt propre à exercer ceux qui ne ſeroient pas ſi au fait de la matiere, mais parce que le premier calcul n' a presque d' autre but que d' indiquer la nature des termes qui doit entrer dans la valeur de r que dans l' expreſſion du tems & qu' il ſera beaucoup plus utile de paſſer maintenant aux methodes qu' il faut ſuivre pour mettre dans le calcul toute l' exactitude neceſſaire & pour avoir égard aux autres conditions du Probleme.

XIX.

PROBLEME V.

☊ L *repréſentant l' orbite de la Lune*, N S *celle du Soleil*, T ☊ N *la ligne qui paſſe par la Terre & ces* Fig. 3. *deux aſtres à l' inſtant où l' on ſuppoſe que commence leur mouvement*, S *et* L *les lieux du Soleil et de la Lune après un tems quelconque. On demande les forces* Φ *et* Π *avec lesquelles le Soleil trouble les mouvemens de la Lune autour du centre* T *de la Terre.*

La force Φ étant toûjours ſuppoſée comme ci-deſſus tendante au centre T, l' autre perpendiculaire au raion vecteur, & placé ſur le plan de l' orbite de la Lune

Soient joints les points S, L, T par les droites TS, TL, S L, abaiſſée S O perpendiculaire à N M, SS′ perpendiculaire au plan de l'orbite de la lune, tracée la projection NS′ de l'orbite du Soleil ſur le plan de celle de la Lune, tirées S′L, S′T.

Soient en ſuite nommées comme ci-deſſus

N, la maſſe du Soleil

M, la ſomme de celles de la Terre & de la Lune

l, le raion vecteur de l' orbite du Soleil

r, celui de l' orbite de la Lune

t, l'angle que l'on a en retranchant le lieu vrai du Soleil dans ſon orbite du lieu vrai de la lune dans la ſienne, c' eſt-à-dire NTL—NTS

Enfin ſoit fait l' angle STL $= \grave{t}$

l' angle S'TL $= \acute{t}$

SL $= s$

TS' $= l'$

La diſtance du Noeud au Soleil, ou l'angle NTS $= u$

Le coſinus de l'inclinaiſon reciproque des orbites $= \psi$.

Maintenant il eſt aiſé de voir que les forces avec les quelles le Soleil trouble les mouvemens de la Lune ſont l'une $\frac{Nr}{l^3}$, qui agit de L vers T, l' autre $N\left(\frac{L}{s^3} - \frac{1}{l^2}\right)$ qui pouſſe ſuivant la parallele menée de L à TS.

Decompoſant donc cette derniere en deux, dont l'une ſoit perpendiculaire au plan de l' orbite de la Lune, & dont l' autre ſoit dans la direction parallele à TS', on aura pour cette ſeconde (l' autre etant inutile à conſiderer ici) $N\left(\frac{1}{s^3} - \frac{1}{l^2}\right)\frac{l'}{l}$. Mais cette ſeconde force $N\left(\frac{1}{s^3} - \frac{1}{l^2}\right)\frac{l'}{l}$ decompoſée ſuivant LT & ſa perpendiculaire dans le plan ☊TL de l' orbite donnera les forces $N\left(\frac{l}{s^3} - \frac{1}{l^2}\right)\frac{l'}{l} \cos. \acute{t}$

& $N\left(\frac{l}{s^3} - \frac{1}{l^2}\right)\frac{l'}{l} \sin. \acute{t}$

Donc les forces cherchées ſeront $\Phi = \frac{Nr}{s^3} - N\left(\frac{l}{s^3} - \frac{1}{l^2}\right)\frac{l'}{l} \cos \acute{t}$

& $\Pi = -N\left(\frac{l}{s^3} - \frac{1}{l^2}\right)\frac{l'}{l} \sin. \acute{t}$.

Pour chaſſer s de ces quantités je remarque que ſa valeur eſt $\sqrt{(l^2 - r^2 - 2rl \cos. \grave{t})}$ & qu'on en tire en negligeant ce qui peut l'être ſans ſcrupule $\frac{l}{s^3} = \frac{1}{l^2} + \frac{9}{4}\frac{rr}{l^5} + \frac{3r}{l^4}\cos. \grave{t} + \frac{15}{4}\frac{r^2}{l^5}\cos. 2\grave{t}$, ſubſtituant cette valeur dans les quantités précedentes & mettant à la place de $cos.\,\acute{t}$ ſa valeur $cos.\,\acute{t}\times\frac{l'}{l}$, ces expreſſions ſe changeront en

$$\Phi = -\frac{Nr}{2l^3}\left(\frac{3l'l'}{l^2}-2\right)-\frac{3Nr}{2l^3}\times\frac{l'l'}{l^2}\,cos.\,2\acute{t}-\frac{3r^2}{8l^4}\left(15\left(\frac{l'}{l}\right)^3-\frac{12l'}{l}\right)cos.\,\acute{t}$$
$$-\frac{3r^2}{8l^4}\left(\frac{l'}{l}\right)^3\times 5\,cos.\,3\acute{t}$$

$$\Pi = -\frac{3Nr}{2l^3}\cdot\frac{l'l'}{l^2}\,ſin.\,2\acute{t}-\frac{3Nr^2}{8l^4}\left(5\left(\frac{l'}{l}\right)^3-\frac{4l'}{l}\right)ſin.\,\acute{t}-\frac{3r^2}{8l^4}\left(\frac{l'}{l}\right)^3\times 5\,ſin.\,3\acute{t}.$$

Des quelles il faut encore faire evanouir l' & $\acute{t}$ en determinant leurs relations avec l & t.

$1-\psi$ repréſentant comme nous l' avons dèja dit le coſinus de l' angle S'OS que ſont enſemble les orbites, il ne ſera pas difficile de voir qu' en negligeant ſeulement les troiſiemes puiſſances de ψ on a

$$\frac{S'T}{ST} \text{ ou } \frac{l'}{l} = 1-\tfrac{1}{2}\psi+\tfrac{1}{16}\psi^2+\tfrac{1}{2}\psi\,cos.\,2u-\tfrac{1}{16}\psi^2\,cos.\,4u$$

Et qu' en cherchant dans les mêmes ſuppoſitions la difference de l' angle NTS à NTS' on aura la valeur de

$$NTS' = u-\tfrac{1}{2}\psi\,ſin.\,2u+\tfrac{1}{8}\psi^2\,cos.\,4u$$
$$-\tfrac{1}{4}\psi^2$$

Mais l' angle $\acute{t}$ a la même difference à l' angle t que NTS à NTS' donc $\acute{t} = t+\tfrac{1}{2}\psi\,ſin.\,2u-\tfrac{1}{8}\psi^2\,cos.\,4u.$

$$-\tfrac{1}{4}\psi^2$$

De ces valeurs de $\acute{t}$ & de $\frac{l'}{l}$ on tirera facilement

$$ſin.\,2\acute{t} = (1-\tfrac{1}{4}\psi^2)ſin.\,2t+\tfrac{1}{4}\psi^2 cos.\,4u\,ſin.\,2t+(\psi+\tfrac{1}{2}\psi^2)ſin.\,2u\,cos.\,2t$$
$$-\tfrac{1}{4}\psi^2 ſin.\,4u\,cos.\,2t$$

$$cos\,2\acute{t} = (1-\tfrac{1}{4}\psi^2)cos.\,2t+\tfrac{1}{4}\psi^2 cos.\,4u\,cos.\,2t-(\psi+\tfrac{1}{2}\psi^2)ſin.\,2u\,ſin.\,2t$$
$$+\tfrac{1}{4}\psi^2 ſin.\,4u\,ſin.\,2t$$

$$\& \ \frac{l'l'}{l^2} = 1-\psi+\tfrac{1}{2}\psi^2+(\psi-\tfrac{1}{2}\psi^2)\,cos.\,2u.$$

Et ſubſtituant ces valeurs dans $\frac{l'l'}{l^2}\,cos.\,2\acute{t}$ & $\frac{l'l'}{l^2}\,ſin.\,2\acute{t}$ on aura, en faiſant $\psi-\tfrac{1}{2}\psi^2=\psi'$,

$$\frac{l'l'}{l^2}\, cos.\, 2\acute{t} = (1 - \psi + \tfrac{1}{4}\psi\psi)\, cos.\, 2t + \psi'\, cos.\, (2t + 2u) + \tfrac{1}{4}\psi^2\, cos.\, (4u + 2t)$$

$$\frac{l'l'}{l^2}\, sin.\, 2\acute{t} = (1 - \psi + \tfrac{1}{4}\psi\psi)\, sin.\, 2t + \psi'\, sin.\, (2t + 2u) + \tfrac{1}{4}\psi^2\, sin.\, (4u + 2t)$$

Quant à $(\frac{l'}{l})^3$ & à $sin.\,\acute{t}$, $sin.\,3\acute{t}$, $cos.\,\acute{t}$, $cos.\,3\acute{t}$ à cause des termes oú ces quantités entrent, il faudra un peú moins d' exactitude & on se contentera de faire

$$\left(\frac{l'}{l}\right)^3 = 1 - \tfrac{3}{2}\psi + \tfrac{3}{2}\psi\, cos.\, 2u$$

$$sin.\,\acute{t} = sin.\, t + \tfrac{1}{2}\psi\, sin.\, 2u\, cos.\, t$$

$$cos.\,\acute{t} = cos.\, t - \tfrac{1}{2}\psi\, sin.\, 2u\, sin.\, t$$

$$sin.\, 3\acute{t} = sin.\, 3t + \tfrac{3}{2}\psi\, sin.\, 2u\, cos.\, 3t$$

$$cos.\, 3\acute{t} = cos.\, 3t - \tfrac{3}{2}\psi\, sin.\, 2u\, sin.\, 3t$$

Nous n' avons donc plus maintenant qu' à mettre toutes les valeurs à la place des quantités qu' elles expriment, & nous aurons enfin, en faisant,

$$b = 1 - \psi + \tfrac{1}{4}\psi^2,\; p = 1 - \tfrac{11}{2}\psi,\; q = 1 - \tfrac{3}{2}\psi,\; \psi'' = \psi' - \tfrac{1}{8}\psi^2,$$

$$\Phi = -\frac{Nr}{2l^3}(b + 3b\, cos.\, 2t) + \frac{Nr}{l^3}\psi'' - \frac{3Nr}{2l^3}\psi'(cos.\, 2u + cos.\, (2t + 2u)) - \frac{3r^2N}{8l^4}(3p\, cos.\, t + 5q\, cos.\, 3t)$$

$$\&\, \Pi = -\frac{3Nr}{2l^3}\, b\, sin.\, 2t - \frac{3Nr}{2l^3}\psi'\, sin.\, (2t + 2u) - \frac{3r^2N}{8l^4}(p\, sin.\, t + 5q\, sin.\, 3t)$$

Negligeant à la verité dans Φ les termes $-\frac{3rN\psi^2}{8l^3}\, cos.\, (4u + 2t) - \frac{27r^2\psi N}{8l^4}\, cos.\, (2u + t) + \frac{45r^2N\psi}{16l^4}\, cos.\, (2u - t) - \frac{45\psi N r^2}{16l^4}\, cos.\, (2u + 3t)$. Et dans Π les termes $-\frac{9\psi r^2N}{8l^4}\, sin.\, (2u + t) + \frac{15\psi r^2N}{16l^4}\, sin.\, (2u - t) - \frac{45r^2N\psi}{16l^4}\, sin.\, (2u + 3t) - \frac{3Nr\psi^2}{8l^3} \times sin.\, (4u + 2t)$. Mais leur omission ne doit laisser aucun scrupule, tant à cause de la petitesse de ces termes en eux mêmes, que par la nature de ceux qu' ils introduiroient.

Il est bon d' observer que la quantité $1 - \psi$ qui est variable à la rigueur, puisqu' elle exprime le cosinus d' une incli-

inclinaiſon variable, peut être priſe pour conſtante, & pour le coſinus de l'inclinaiſon moienne de l'orbite de la Lune. Il y aura cependant un ſeul terme le prémier de Φ qui eſt $-\frac{Nrb}{2l^2}$ où nous ſerons une petite correction de quelques ſecondes due à la variation de cette inclinaiſon.

On voit par ces expreſſions des ſorces, & en ſe rappellant, tant la maniere dont elles ſont emploïées dans Ω que l' uſage de cette quantité pour trouver Ξ jusqu' à quel point l' on peut conſiderer ſéparement les conditions de l' inclinaiſon de l' orbite & de la parallaxe du Soleil. Car 1° les prémiers termes de Φ & de Π ne ſont autre choſe que ceux qu' on avoit dans le Probleme précedent, en negligeant la parallaxe du Soleil & l' inclinaiſon, avec cette ſeule difference que tous les termes ſeront affectés du coefficient conſtant b qui eſt à peu-près le coſinus de l' inclinaiſon moïenne, & que l' on a de plus dans Ω le terme $\frac{Nr^3\psi''}{Ml^3}$ qui n' a presque d' effet que dans la determination du mouvement de l' apogée à l' expreſſion du quel il donne une petite augmentation, mais bien moindre que celle que le coefficient b produit tant en affectant le coefficient E de $cos.mv$ dans Ω, qu' en influant à peu près proportionellement ſur γ dont l'effet eſt ſi conſiderable, ainſi que nous l' avons vû par rapport au mouvement de l' apogée.

2°. La partie des expreſſions précedentes qui donne la correction du mouvement de la Lune dependante de la poſition du noeud conſiſtera dans les termes

$-\frac{3Nr\psi'}{2l^3}(cos.\,2u+cos.(2t+2u))$ de Φ

& $-\frac{3Nr\psi'}{2l^3}sin.\,(2t+2u)$ de Π.

Leur effet ſera d' introduire trois petites corrections ou equations au mouvement de la Lune & qui n' altereront en aucune maniere ſenſible les autres termes trouvés précedemment par la 1ere partie de Π.

3°. La partie des mêmes expreſſions qui donnera les termes dependans de la parallaxe du Soleil ſera

$- \frac{3 r^2 N}{8 l^4} (p \, \text{ſin}.\, t + 5 q \, \text{coſ}.\, 3t)$ dans Π &

$- \frac{3 r^2 N}{8 l^4} (3 p \, \text{coſ}.\, t + 5 q \, \text{coſ}.\, 3t)$ dans Φ.

Le calcul s' en fera ſeparement des deux autres parties & permettra beaucoup plus d' omiſſions dans le calcul que l' uſage des prémiers termes de Φ & Π.

XX.

Valeurs de Ω & de ϱ tirées des formules précedentes.

Pour preparer à la maniere d' emploïer ces forces, nous commencerons par en tirer les quantités Ω & ϱ dont la prémiere étant reduite en coſinus de multiples de v, donne auſſitôt les termes de Ξ, c' eſt-à dire du ſupplement de $1 - e \, \text{coſ}.\, mv$ dans la valeur de $\frac{k}{r}$ ou dans l'equation de l' orbite & dont la ſeconde ſert à former l'expreſſion du tems.

Valeur de ϱ & de Ω pour les prémiers termes

§. 1. Ne prenant d' abord que les 1ers termes de Φ & de Π comme nous venons de dire qu' il ſuffiſoit pour avoir exactement les termes les plus conſiderables des equations cherchées, nous verrons d' abord qu' en nommant α' la conſtante $\frac{N k^3 b}{M f^3}$, c' eſt-à-dire le produit de b par la quantité nommée α ci-deſſus nous aurons

$$\varrho = - \frac{3 \alpha' k}{p} \int \frac{r^4}{k^4} \frac{f^3}{l^3} \text{ſin}.\, 2t \, dv \;\&\; \Omega = -\Big(\big(\overline{\tfrac{1}{2} - \psi} \frac{r^3 f^3}{k^3 l^3} - \frac{3 r^3 f^3}{2 k^3 l^3} \text{coſ}.\, 2t$$

$$- \frac{3 r r dr f^3}{2 k^3 dv l^3} \text{ſin}.\, 2t\big) \alpha + 2 \varrho\Big) \times (1 - 2\varrho + 4\varrho^2)$$

Dans la quelle le facteur $1-2\varrho+4\varrho^2$ est mis à la place du divisеur $1+2\varrho$ que devroit avoir la quantité Ω. Au reste le terme $4\varrho^2$ de ce facteur ne demandera d'ètre emploié que pour les termes les plus considerables de Ω & il n' a presque d' effet que sur la constante qui fait le prémier terme de ce facteur & la quelle differe très peu de l' unité. On verra aussi qu' en multipliant -2ϱ par $'\Omega$ (j' appelle ainsi le prémier facteur de Ω) il n' y aura qu' un petit nombre des termes de l' un & de l'autre des deux multiplicateurs qui se combineront ensemble, & qu' il ne faudra s' attacher qu' à ceux qui doivent donner des multiples de v petits ou peu differens de l' unité.

Pour les termes dûs à l' inclinaison.

§. 2. Si l' on employe ensuite la seconde partie de ϕ & de Π pour avoir les supplemens $\varrho^{\cdot}$ & $\Omega^{\cdot}$ que les quantités ϱ & Ω trouvées précedemment reçoivent en vertu de l' inclinaison des orbites l' on trouvera

$$\varrho^{\cdot} = -\frac{3ka\psi'}{2p}\int\frac{r^4}{k^4}\frac{f^3}{l^3}\sin.(2t+2u)\,dv$$

$$\&\ \Omega^{\cdot} = -\left(\psi'\alpha\left(\frac{3r^3}{k^3}\frac{f^3}{l^3}\overline{\cos.2u+\cos.(2t+2u)}\right)-\frac{3\alpha\psi' rrdr}{2k^3dv}\cdot\frac{f^3}{l^3}\times\sin.(2t+2u)+2\varrho\right)\times(1-2\varrho)+{}'\Omega(1-2\varrho^{\cdot})$$

Dans la quelle on pourroit sans perdre que quelques secondes negliger le facteur $1-2\varrho$ & le terme $'\Omega(1-2\varrho^{\cdot})$. Cependant comme l' usage des ces quantités ne demande que des substitutions grossieres dans les prémiers termes de ϱ & de $'\Omega$ trouvés anterieurement j' y ai eû égard.

Des termes dûs à la parallaxe.

§. 3. Enfin si l' on emploie la troisieme partie de l' expression des forces pour trouver les seconds supplemens de ϱ & de Ω on aura en nommant $\alpha^{\cdot}$ la quantité $\frac{\alpha k}{f}$ c'est-à dire une partie de α proportionelle au rapport qui est entre les distances moiennes de la Lune & du Soleil à la Terre, on aura $\varrho^{\cdot\cdot} = -\frac{3}{8}\frac{\alpha^{\cdot}k}{p}\int\frac{r^5}{k^5}\frac{f^4}{l^4}(p\sin.t+5q\sin.3t)\,dv$

& $\Omega'' = -\frac{5}{8}\alpha' \frac{r^4}{k^4} \frac{f^4}{l^4}(3p\, cos.\, t + 5q\, cos.\, 3t) - \frac{3\alpha'}{3^2} \times \frac{4r^3dr}{k^4dv} \cdot \frac{f^4}{l^4}(p\, sin.\, t + 5q\, sin.\, 3t) - 2\varrho''$. N' aïant point d' égard ici au second facteur de Ω qui est inutile.

XXI.

De la maniere de former les valeurs des puissances de r *qui doivent être substituées dans* Ω *& dans l' expression du tems.*

Comme les valeurs de $\frac{r^2}{k^2}$, $\frac{r^3}{k^3}$ &c. ne sont autre chose que les puissances -2, -3, de $1 - e\, cos.\, mv + \Xi$ on trouvera aisement leurs valeurs par la formule du binome & par les Théoremes de sinus & de cosinus déja emploïés dans ce memoire. On commencera par faire auparavant $a = 1 + 3ee$, $\grave{a} = 1 + 5ee$, $\hat{a} = 1 + \frac{15ee}{2}$, $\breve{a} = 1 + \frac{3}{2}ee + \frac{15e^4}{8}$, $\acute{a} = 1 + \frac{21}{2}ee$, $\acute{e} = e + \frac{5}{2}e^3$, $\grave{e} = e + \frac{15e^3}{4}$, $\hat{e} = e + \frac{21e^3}{4}$. $\breve{e} = e + \frac{3}{2}e^3$, $\breve{\breve{e}} = e + 7e^3$

& l' on aura en suite

$$\frac{r^2}{k^2} = \breve{a} + 2\breve{e}\, cos.\, mv - 2a\Xi - 6\acute{e}\Xi\, cos.\, mv - 6e^2\Xi\, cos.\, 2mv$$
$$+ 3\grave{a}\Xi^2 + 12\grave{e}\Xi^2\, cos.\, mv$$
$$+ \tfrac{3}{2}ee\, cos.\, 2mv$$
$$+ e^3\, cos.\, 3mv$$
$$+ \tfrac{5}{8}e^4\, cos.\, 4mv$$

$$\frac{r^3}{k^3} = a + 3\acute{e}\, cos.\, mv + 3ee\, cos.\, 2mv - 3\grave{a}\Xi + 12\grave{e}\Xi\, cos.\, mv$$

$$\frac{r^4}{k^4} = \grave{a} + 4\grave{e}\, cos.\, mv + 5e^2\, cos.\, 2mv - 4\hat{a} - 20\acute{e}\Xi\, cos.\, mv$$
$$- 30e^2\Xi\, cos.\, 2mv$$

$$\frac{r^5}{k^5} = \hat{a} + 5\hat{e}\, cos.\, mv + \frac{15}{2}ee\, cos.\, 2mv - 5\acute{a}\Xi \cdot 30\breve{\breve{e}}\Xi\, cos.\, mv$$
$$- \frac{105}{2}e^2\Xi\, cos.\, 2mv.$$

Quant à $\frac{3rrdr}{k^3}$ & à $\frac{4r^3dr}{k^4}$ qui entrent aussi dans Ω, leurs valeurs ſe trouveront en differentiant $\frac{r^3}{k^3}$ & $\frac{r^4}{k^4}$.

J' ai eû égard dans la valeur de $\frac{r^2}{k^2}$ aux quarrés de la petite quantité Ξ^{2} à cauſe que l' expreſſion du tems, dans la quelle entre r^2, n' eſt point multipliée par la petite quantité α comme le ſont les termes de la quantité Ω pour les quels on fait uſage des autres puiſſances de $\frac{r}{k}$.

L' avantage de ces transformations des puiſſances de r c' eſt que la valeur de Ξ n' étant jamais que des aſſemblages de coſinus de multiples de v, auſſitôt qu' on introduit un nouveau terme dans la valeur de $\frac{h}{r}$ on trouve dans le moment par les formules précedentes les termes de plus qu' il ajoute aux puiſſances de $\frac{r}{k}$.

XXII.

De l' expreſſion générale du tems, ou ce qui revient au même de la relation entre la longitude moienne de la Lune & la vraie.

On a eu dans la propoſition fondamentale de cette Theorie pour l' expreſſion exacte du tems emploïé à parcourir un arc quelconque v, la quantité $\frac{1}{pM}\int\frac{rr\,dv}{\sqrt{(1+2\varrho)}}$. Si l' on fait paſſer les ϱ au numerateur en reduiſant $(1+2\varrho)^{-\frac{1}{2}}$ en ſuite on changera cette expreſſion en $\frac{k^2}{\sqrt{pM}}\int\frac{rr\,dv}{k^2}\times(1-\varrho+\frac{3}{2}\varrho\varrho-\frac{5}{2}\varrho^3+\&c.)$ dont non ſeulement on peut negliger les autres termes, mais dans la quelle on peut mettre le terme $\frac{5}{2}\varrho^3$ ſans commettre aucune erreur ſenſible dans la Theorie de la Lune.

Subſtituant en ſuite dans cette quantité à la place de $\frac{r^2}{k^2}$ ſa valeur qu'on a trouvée dans l'art. précedent, elle deviendra

$$\frac{k^2}{\sqrt{pM}}\left\{\begin{array}{ll} \gamma v + \frac{2\gamma}{m}\, sin.\, m v & - \int dv (2 a \Omega + \gamma \rho) - \int (6 e^2 \Omega + \frac{3}{2} e e \rho) cos.\, 2 m v\, dv \\ + \frac{3ee + \frac{5}{2}e^4}{4m}\, sin.\, 2 m v & + \int dv (\overset{14}{8} a \Omega^2 + 2 a \rho \Omega + \frac{3}{2} \gamma \rho^2) \\ + \frac{e^3}{3m}\, sin.\, 3 m v & \\ + \frac{5 e^4}{32 m}\, sin.\, 4 m v & + \int dv\, cos.\, m v (6 e \rho \Omega + 3 \gamma \rho^2 + 12\, e \Omega^2) \end{array}\right\}$$

& lorsque toutes les integrations feront faites & qu' on aura divifé tous les termes par le coefficient total de v, on aura une fuite compofée de l' arc v & d' un certain nombre de termes qui ne feront tous que des finus de multiples de v pour les quels il feroit fort aifé de conftruire des Tables, au cas qu' on eût befoin de determiner le tems ou la longitude moienne qui lui eft proportionelle par le moien de la longitude v. Mais ce feroit une peine très inutile & c' eft au contraire l' operation inverfe dont on a befoin en Aftronomie, celle qui donne la longitude vraie par la longitude moienne,

Nous enfeignerons plus loin le procedé que cette inverfe demande par une methode d' un ufage très facile, non feulement pour ce probleme, mais pour tous ceux de même efpece. Au refte j' appelle ici longitude non la diftance de la Lune prife fur l' Ecliptique au point d' *Aries*, mais la diftance prife fur l' orbite même de la Lune, entre le lieu de cet aftre & un point fixe d' où je fuppofe que partent tous les arcs circulaires qui mefurent les angles v fuffent ils de cent mille circonferences.

XXIII.

Lors qu' on voudra favoir ce que contribue dans l' expreffion du tems quelque partie propofée de la valeur tant de ρ que de Ω, foit que cette partie foit la correction de quelque terme précedemment calculé, ou de quelque terme nouvellement introduit par une combinaison qu' on n' avoit pas aperçue d' abord ; rien ne sera plus aisé que d' y parvenir par la formule précedente, lorsque ces termes seront petits comme sont toûjours ceux, que l' on a après les prémieres operations. Dans ces cas si Ω' & ϱ' expriment ces parties dont on veut savoir l' effet, on aura d' abord par le Lemme II. sans aucune complication, le terme Ξ', introduit par celui de Ω dont il sera question, & alors la formule $-\int 2 a \Xi + \breve{a} \varrho d v - \int (6 \acute{e} \Xi + 2 \ddot{e} \varrho) \cos. m d v$ donnera la correction cherchée du tems.

XXIV.

De la manière de trouver les valeurs de sin. 2t, *cos.* 2t *&c. qui entrent dans les expressions des forces.*

Nous avons déja vû que la valeur de l' angle t se tiroit de la comparaison de l' arc que la Lune parcourt dans un tems donné, avec celui que le Soleil parcourt dans le même tems. Prenant toûjours x pour exprimer la longitude moïenne de la Lune correspondante à la vraye v ; z pour l' angle parcouru par le Soleil dans le même tems que v l' est par la Lune, $1 - \frac{1}{n}$ pour le rapport qui est entre les moïens mouvements de ces deux astres & i pour l' excentricité de l' orbite du Soleil divisée par le demiparametre ; on aura l' equation

$$z + 2 i \sin. z + \tfrac{5}{4} i i \sin. 2 z = (1 - \tfrac{1}{n}) x \text{ ou } v - t + 2 i \sin (v - t) + \tfrac{3}{4} i i \sin. (2 v - 2 t) = (1 - \tfrac{1}{n}) x$$

en negligeant comme on le peut sans aucun scrupule les puissances plus élevées de i.

Il ne s' agit donc plus que de tirer t en v de cette equation ; pour y parvenir nous commencerons par faire $w = v - (1 - \frac{1}{n})x$ ce qui changera l' equation précedente en $t = w + 2i\,\sin.\,(v - t) + \frac{5}{4}ii\,\sin.\,(2v - 2t)$ de la quelle on tirera facilement

$t = w + 2i\,\sin.\,(v - w) - \frac{5}{4}ii\,\sin.\,(2v - 2w)$ ou

$t = v - (1 - \frac{1}{n})x + 2i\,\sin.(1 - \frac{1}{n})x - \frac{5}{4}ii\,\sin.\,(2 - \frac{2}{n})x$

qui donnera la valeur cherchée de t en v aussitôt qu' on aura celle de x ou l' expression du tems.

Comme nous avons déja vû dans l'Art. XVIII quelle etoit la forme (& même a peu près la valeur) des premiers termes de x, prenons ceux de $(1 - \frac{1}{n})x$ qui en resultent.

$$(1 - \frac{1}{n})v + \beta\,\sin.\,mv - \varepsilon\,\sin.\,\frac{2v}{n} + r\,\sin.\,(\frac{2}{n} - mv) - \lambda\,\sin.\,(1 - \frac{1}{n})v + \mu\,\sin.\,(\frac{1}{n} - 1)v + \delta\,\sin.\,2mv$$

les coefficiens β, δ &c. de cette quantité etant ceux de la valeur de x multipliés par la fraction $1 - \frac{1}{n}$.

On trouvera facilement par des methodes déja emploïées dans ce memoire le sinus de cette quantité dont on a besoin pour la valeur de t. Et cette valeur multipliée par $2\,i$ donnera

$$2i(1 - \frac{1}{4}\beta^2)\sin.(1 - \frac{1}{n})v + \beta i\,\sin.(m + 1 - \frac{1}{4})v - i\varepsilon\,\sin.\,(1 + \frac{1}{n})v + ir\,\sin.(1 + \frac{1}{n} - m)v + i\mu\,\sin.\,\frac{2}{n}v$$
$$- i\lambda\,\sin.\,(2 - \frac{2}{n})v \quad - \beta i\,\sin.(m + \frac{1}{n} - 1)v - i\varepsilon\,\sin.(\frac{1}{n} - 1)v - ir\,\sin(\frac{1}{n} - 1 - m)v + i\mu\,\sin.(\frac{4}{n} - 2v)$$

en negligeant quelques quantités dont l' effet seroit insensible. Quant à la valeur de $\frac{5}{4}\,ii\,\sin.\,(2 - \frac{2}{n})x$ elle sera simplement $\frac{5}{4}\,ii\,\sin.\,(2 - \frac{2}{n})v$ en cette rencontre à cause de la petitesse de son coefficient. Cela posé si l' on n' admet dans l' expression du tems que les termes de l' espece de ceux qu' on vient d' admettre dans la valeur de x, on aura après avoir fait

$\varepsilon + \mu$

$$\varepsilon + \mu = \vartheta \qquad i\left(1 - \tfrac{1}{4}\beta\beta\right) + \tfrac{1}{2}\lambda = \gamma$$

$$t = \frac{v}{n} - \beta\, \sin. mv + \vartheta \sin. \frac{2v}{n} + 2\gamma \sin.\left(1-\frac{1}{n}\right)v - (\mu + i\varepsilon)\sin.\left(\frac{1}{n}-1\right)v - \beta i \sin.\left(m + 1 - \frac{1}{n}\right)v$$
$$- \delta \sin. 2mv \qquad -\left(i\lambda + \tfrac{5}{4}ii\right)\sin.\left(2-\frac{2}{n}\right)v - i\varepsilon \sin.\left(1+\frac{1}{n}\right)v - \beta i \sin.\left(m+\frac{1}{n}-1\right)v$$
$$- r \sin.\left(\frac{2}{n} - m\right)v$$
$$- i r \sin.\left(1 + \frac{1}{n} - m\right)v + i r \sin.\left(\frac{1}{n} - 1 - m\right)v$$

de la quelle on tirera, en faisant $\ddot{a} = 1 - 4\ddot{\gamma}\ddot{\gamma} - \beta^2 - r^2 - \vartheta^2$;

$$\sin. 2t = \ddot{a} \sin. \frac{2v}{n} - \beta(1-\vartheta)\sin.\left(\frac{2}{n}+m\right)v - \left(\delta - \tfrac{1}{2}\beta^2\right)\sin.\left(\frac{2}{n}+2m\right)v + (\vartheta + \beta r)\sin.\frac{4}{n}v + \mu \sin.\left(1-\frac{1}{n}\right)v + 2\gamma\sin.\left(1+\frac{1}{n}\right)v + \left(\tfrac{5}{4}ii + 2\gamma\gamma + \lambda i\right)\sin.$$
$$+ \beta(1-\vartheta)\sin.\left(\frac{2}{n}-m\right)v + \left(\delta + \tfrac{1}{2}\beta^2 - \tfrac{1}{2}r^2\right)\sin.\left(\frac{2}{n}-2m\right)v - r(1-\vartheta)\sin.\left(\frac{4}{n}-m\right)v \qquad - 2\gamma \sin.\left(\frac{3}{n}-1\right)v + \left(2\ddot{\gamma}\gamma - i\lambda - \tfrac{5}{4}ii\right)\sin. 2v$$
$$+ r(1-\vartheta)\cos. mv$$
$$-(2\beta\gamma - \beta i)\sin.\left(1+\frac{1}{n}+m\right)v + (2\beta\gamma - \beta i)\sin.\left(\frac{3}{n}-1+m\right)v + ri\sin.\left(m+\frac{1}{n}-1\right)v$$
$$-(2\beta\gamma - \beta i)\sin.\left(\frac{3}{n}-1-m\right)v + (2\beta\gamma - \beta i)\sin.\left(1+\frac{1}{n}-m\right)v + ri\sin.\left(m+1-\frac{1}{n}\right)v$$

$$\cos. 2t = \ddot{a}\cos.\frac{2}{n}v - \beta(1+\vartheta)\cos.\left(\frac{2}{n}+m\right)v - \left(\delta - \tfrac{1}{2}\beta^2\right)\cos.\left(\frac{2}{n}+2m\right)v + (\vartheta + \beta r)\cos.\frac{4}{n}v - \vartheta + (\mu + i\varepsilon)\cos.\left(1-\frac{1}{n}\right)v + 2\gamma\cos.\left(1+\frac{1}{n}\right)v + \left(\tfrac{3}{2}ii + 2\gamma\gamma + i\lambda\right)\cos.\left(\frac{4}{n}\right.$$
$$+ \beta(1+\vartheta)\cos.\left(\frac{2}{n}-m\right)v + \left(\delta + \tfrac{1}{2}\beta^2 + \tfrac{1}{2}r^2\right)\cos.\left(\frac{2}{n}-2m\right)v - r(1+\vartheta)\cos.\left(\frac{4}{n}-m\right)v \qquad - 2\gamma\cos.\left(\frac{3}{n}-1\right)v + \left(2\ddot{\gamma}\gamma - i\lambda - \tfrac{5}{4}ii\right)\cos. 2v$$
$$+ r(1+\vartheta)\cos. mv.$$
$$-(2\beta\gamma - \beta i)\cos.\left(1+\frac{1}{n}+m\right)v + (2\beta\gamma - \beta i)\cos.\left(\frac{3}{n}-1+m\right)v + ri\cos.\left(m+\frac{1}{n}-1\right)v$$
$$-(2\beta\gamma - \beta i)\cos.\left(\frac{3}{n}-1-m\right)v + (2\beta\gamma - \beta i)\cos.\left(1+\frac{1}{n}-m\right)v + ri\cos.\left(m+1-\frac{1}{n}\right)v$$

A l'egard des autres termes de la valeur de x qu'on n'a pas emploïé ici pour determiner t, on ne peut pas les negliger entierement, mais il n'est pas necessaire de recommencer le calcul précedent pour les y faire entrer parce qu'ils sont assés petits pour qu'on decouvre tout de suite ceux qu'ils produiront dans la valeur de *sin.* $2t$ & de *cos.* $2t$.

Que $q\, \sin. pv$ soit en général un des termes de x qui suivent ceux aux quels nous aurons eû égard $q\left(1 - \frac{1}{n}\right)\sin.\left(\frac{2}{n} - p\right)v - q\left(1 - \frac{1}{n}\right)\sin.\left(\frac{2}{n} + p\right)v$ & $q\left(1 - \frac{1}{n}\right)\cos.\left(\frac{2}{n} - p\right)v - q\left(1 - \frac{1}{n}\right)\cos.\left(\frac{2}{n} + p\right)v$ seront ceux de la valeur de *sin.* 2 t & de *cos.* $2t$ qui en resulteront.

On voit que dès qu'on aura trouvé par une prémiere solution l'expression du tems, on pourra avoir assés exactement la valeur de *sin.* $2t$ & de *cos.* $2t$ à cause de la multiplication par la petite fraction $1 - \frac{1}{n}$ que tous les coefficiens de x subissent en passant dans t. Et le dernier moïen que nous venons de donner pour avoir égard aux termes non admis d'abord, rend en même tems aisé de rectifier les coefficiens de tous les termes de *sin.* $2t$ & de *cos.* $2t$, aussitôt qu'on corrige ceux de l'expression du tems.

A l'égard des sinus & cosinus de t & de $3t$, qui entrent aussi dans les expressions de Ω, ϱ, ils demandent bien moins de précision pour être tirés de la valeur de t, à cause qu'ils sont tous multipliés par le coefficient α' qui est aussi petit par rapport au coefficient α des premiers termes que la distance moienne de la Lune l'est à l'égard de celle du Soleil.

XXV.

Je ne dirai rien ici de la maniere d'exprimer les angles u & $u + t$ dont l'un est la distance du Soleil au Noeud, & l'autre celle de la Lune au même point, mais la valeur de ces angles & des quantités qui leur appartiennent sera facile à trouver lors qu'on aura vû dans la seconde partie de ce memoire la determination du lieu du Noeud pour un instant quelconque donné.

XXVI.

De la maniére de faire disparoître les quantités $\frac{f^2}{l^2}$, $\frac{f^4}{l^4}$ *qui entrent dans les valeurs de* Ω *&* *de* ϱ.

L'orbite du Soleil étant toûjours supposée une Ellipse dont le Parametre du demi axe est f, l'excentricité fi, &

dont l'equation est par consequent $\frac{f}{l} = 1 - i\, cos.\, z$ ou $\frac{f}{l} = 1 - i\, cos.\,(v-t)$ on a $\frac{f^3}{l^3} = 1 + \frac{3}{2}ii - 3i\, cos(v-t) + \frac{3}{2}ii\, cos.(2v-2t)$ de la quelle il s'agit de chasser $cos\,(v-t)$ & $cos.(2v-2t)$.

Pour cela reprenant la valeur de t employée dans l'Art. XXIV on en tirera $v - t = (1 - \frac{1}{n})v + \epsilon\, sin.\, mv - 2i\, sin.\,(1 - \frac{1}{n})v - \vartheta\, sin.\, \frac{2}{n}v$

$$+ \delta\, sin.\, 2mv + \frac{5}{4} ii\, sin.\,(2 - \frac{2}{n})v + r\, sin.\,(\frac{2}{n} - m)v]$$

en negligeant la petite difference entre $\ddot{i}$ & i dans le terme $sin.\,(1 - \frac{1}{n})v$ & le terme $i\,\lambda$ dans $sin.\,(2 - \frac{2}{n})v$.

Or de cette expression on tirera en omettant quelques termes dont l'effet est insensible

$$cos.\,(v-t) = 1 - \frac{9}{8} ii\, cos.\,(1 - \frac{1}{n})v - \frac{1}{2}\epsilon\, cos.\,(m - 1 + \frac{1}{n})v - \frac{1}{2} r\, cos.\,(\frac{1}{n} - 1 - m)v$$

$$- i\, cos.\,(2 - \frac{2}{n})v + \frac{1}{2}\epsilon\, cos.\,(m + 1 - \frac{1}{n})v + \frac{1}{2} r\, cos.\,(1 + \frac{1}{n} - m)v$$

Quant au cosinus de $(2v - 2t)$ on le prendra pour $cos.\,(2 - \frac{2}{n})v$ vû la petitesse du terme où il entre.

Cela posé on aura

$$\frac{f^3}{l^3} = 1 - \frac{3}{2}ii + 3i(1 - \frac{3}{8}ii)cos.\,(1 - \frac{1}{n})v + \frac{3}{2}\epsilon i\, cos.\,(m - 1 + \frac{1}{n})v + \frac{3}{2} i\, r\, cos.\,(\frac{1}{n} - 1 - m)v$$

$$+ \frac{9}{2} ii\, cos\,(2 - \frac{2}{n})v - \frac{3}{2}\epsilon\, i\, cos.\,(m + 1 - \frac{1}{n})v - \frac{3}{2} i\, r\, cos.\,(1 + \frac{1}{n} - m)v$$

pour $\frac{f^4}{l^4}$ il suffira de mettre à sa place $1 - 4i\, cos.\,(1 - \frac{1}{n})v$.

XXVII.

En reflechissant sur les termes que doivent introduire dans Ω toutes les quantités précedentes on voit qu'il se peut glisser dans cette quantité des cosinus de l'angle v dont nous avons vû Art. VII le dangereux effet d'amener dans la valenr de r des arcs au lieu de leurs cosinus, de tels termes viendront par exemple de la combinaison des cosinus de $(1 - \frac{1}{n})v$ que contient $\frac{f^3}{l^3}$ avec des cosinus de $\frac{v}{n}$ donnés dans la valeur de $\frac{r^3}{k^3}$ ou dans celle de $cos.\, t$ &c.

Pour eviter cet inconvenient qui ôteroit à la ſolution précedente l'avantage de convenir à un auſſi grand nombre de revolutions que l'on voudroit, & la priveroit de la ſimplicité & de l'univerſalité ſi précieuſe en Mathematique, il faut commencer par en chercher la cauſe. Or on decouvre facilement que ces termes ne viennent que de ce que l'on a ſuppoſé fixe l'apogée du Soleil, ce qui n'eſt pas permis en toute rigueur puisque quelque petite que ſoit, ſur cet aſtre, l'action de la Lune, elle n'en eſt pas moins réelle & doit lui produire un mouvement d'apogée quoique très lent à la verité. Voïons donc comment l'on auroit égard à ce mouvement. On y parviendroit en prenant pour équation de l'orbite du Soleil $\frac{f}{t} = 1 - i\ cof.\ pz$ qui au lieu d'introduire des coſinus de $1 - \frac{1}{n} v$ introduiroit des coſinus de $p(1 - \frac{1}{n}) v$ les quels ſe mêlant avec les $\frac{v}{n}$ ne donneroient jamais des $cof.\ v$, mais des $cof.\ p\ v$.

A la verité ces Coſ. pv auroient encore un inconvenient ſuivant ce que nous avons remarqué Art. VIII. celui de la petiteſſe extreme du diviſeur $pp - 1$ qu'auroit le terme de même eſpece qui leur répondroit dans la valeur de $\frac{k}{r}$. Car il faudroit en conſequence de cette petiteſſe porter ſi loin le ſcrupule dans les differentes combinaiſons qui produiroient ces ſortes de termes & calculer avec tant de ſoin leurs coefficiens que l'operation en ſeroit très fatigante pour ne pas dire impraticable. Mais on n'aura pas de regret de l'abandonner lors qu'on remarquera qu'après toutes les peines qu'on auroit priſes pour ne rien negliger, l'operation manqueroit faute d'avoir la vraïe valeur de p que l'on ne pourroit tirer ni du Probleme des trois corps à cauſe de l'action des autres planetes, qu' on ne peut negliger en cette rencontre, ni des Phenomenes mêmes par l' incertitude des obſervations pour un mouvement auſſi lent que celui de l'apogée du Soleil. Au reſte loin d' entreprendre de ſi penibles calculs on voit un parti fort ſimple à prendre & beaucoup plus utile, c'eſt de calculer toutes les autres équations du mouvement de la Lune, ſur les quelles celle du mouvement de l' Apogée du Soleil ne peut faire aucun effet, de comparer enſuite les lieux calculés avec la Theorie & de voir ce que les differences permettent de ſuppoſer par rapport à l' equation qui doit reſulter des *coſ. p v.* L' operation eſt alors fort facile..

AVERTISSEMENT.

Le peu de tems qui me reſte d' ici au terme fixé par l' Academie Impériale de St. Petersbourg, pour l'admiſſion des pieces, ne me permet pas de mettre en ordre d' un maniere ſuffiſſamment claire tous les calculs des ſubſtitutions aux quelles ſeules ſe reduit maintenant la determination des termes tant de l' équation de l' orbite que de l' expreſſion du tems: Mais comme il n' eſt plus queſtion que de la longeur des operations, donc j'ai vaincu ou diminué le dégout à l' aide des préceptes donnés ci-deſſus, & de quelques artifices faciles à imaginer à ceux qui ont travaillé ſur la même matiere, j' eſpere qu' on me pardonnera de me contenter d' en donner ſimplement les reſultats ſuivans.

XXVIII.

Equation de l' orbite.

$$\frac{k}{r} = 1 - 0{,}05505\,\text{cos.}\,mv + 0{,}0071624\,\text{cos.}\,\frac{2}{n}v - 0{,}0111000\,\text{cos.}\left(\frac{2}{n} - m\right)v + 0{,}0002024\,\text{cos.}\left(\frac{2}{n} + m\right)v + 0{,}0010825\,\text{cos.}\left(\frac{2}{n} - 2m\right)v$$

$$+ 0{,}0000773\,4\,\text{cos.}\left(1 - \frac{1}{n}\right)v + 0{,}0000541\,\text{cos.}\left(1 + \frac{1}{n}\right)v - 0{,}0004880\,\text{cos.}\left(\frac{3}{n} - 1\right)v - 0{,}0000921\,\text{cos.}\left(1 + \frac{1}{n} - m\right)v$$

$$- 0{,}0000094\,\text{cos.}\left(2 - \frac{2}{n}\right)v$$

$$+ 0{,}0004649\,2\,\text{cos.}\left(\frac{3}{n} - 1 - m\right)v + 0{,}0002504\,9\,\text{cos.}\left(m + \frac{1}{n} - 1\right)v - 0{,}0001747\,9\,\text{cos.}\left(m + 1 - \frac{1}{n}\right)v$$

$$+ 0{,}0000005\,5\,\text{cos.}\left(1 + \frac{1}{n} - 2m\right)v - 0{,}0000376\,1\,\text{cos.}\left(\frac{3}{n} - 1 - 2m\right)v$$

$$- 0{,}0002553\,1\,\text{cos.}\,\frac{v}{n} + 0{,}0000200\,4\,\text{cos.}\left(\frac{1}{n} - m\right)v + 0{,}0000011\,58\,\text{cos.}\,(1 - m)v$$

$$+ 0{,}0000220\,\text{cos.}\,(2 + 2\omega)v - 0{,}0000333\,\text{cos.}\left(2 - \frac{2}{n} + 2\omega\right)v + 0{,}0002283\,5\,\text{cos.}\,(2 - m + \omega)v - 0{,}0000209\,\text{cos.}\,(2 - 2m + 2\omega)v$$

XXIX.

Valeur générale de la longitude moienne.

$$[illegible] = v + 0{,}1106996\,\text{sin.}\,mv + 0{,}0005359\,\text{sin.}\,\frac{1}{n}v - 0{,}0001934\,\text{sin.}\left(\frac{1}{n} - m\right)v - 0{,}0000215\,\text{sin.}\left(\frac{1}{n} + m\right)v$$

$$+ 0{,}0022679\,\text{sin.}\,2mv - 0{,}0093021\,\text{sin.}\,\frac{2v}{n} - 0{,}0004836\,\text{sin.}\left(\frac{2}{n} - 2m\right)v - 0{,}0000298\,\text{sin.}\left(\frac{2}{n} + 2m\right)v$$

$$+ 0{,}0000555\,\text{sin.}\,3mv$$

$$+ 0{,}0227726\,\text{sin.}\left(\frac{2}{n} - m\right)v - 0{,}0007160\,\text{sin.}\left(\frac{2}{n} + m\right)v + 0{,}0000446\,\text{sin.}\left(\frac{2}{n} - 3m\right)v$$

$$- 0{,}0028091\,\text{sin.}\left(1 - \frac{1}{n}\right)v - 0{,}0000674\,\text{sin.}\left(1 + \frac{1}{n}\right)v + 0{,}0006661\,\text{sin.}\left(\frac{3}{n} - 1\right)v + 0{,}0001802\,\text{sin.}\left(1 + \frac{1}{n} - m\right)v$$

$$+ 0{,}0001040\,\text{sin.}\left(2 - \frac{2}{n}\right)v$$

$$- 0{,}0009810\,\text{sin.}\left(\frac{3}{n} - 1 - m\right)v - 0{,}0001074\,\text{sin.}\left(1 + \frac{1}{n} - 2m\right)v + 0{,}0000578\,\text{sin.}\left(\frac{3}{n} - 1 - 2m\right)v - 0{,}0095133\,\text{sin.}\left(m + \frac{1}{n} - 1\right)v$$

$$+ 0{,}0003267\,\text{sin.}\left(m + 1 - \frac{1}{n}\right)v + 0{,}0000346\,\text{sin.}\left(\frac{3}{n} - 1 + m\right)v - 0{,}0001864\,\text{sin.}\,(1 - m)v$$

$$- 0{,}0004901\,\text{sin.}\,(2 + 2\omega)v + 0{,}0008930\,\text{sin.}\left(2 - \frac{2}{n} + 2\omega\right)v - 0{,}0005456\,\text{sin.}\,(2 - m + 2\omega)v$$

$$- 0{,}0003481\,\text{sin.}\,(2 - 2m + 2\omega)v$$

XXX.

Les termes affectés de $\frac{1}{n}v$, $(\frac{1}{n} - m)v$, $(\frac{1}{n} + m)v$, $(1 - m)v$ que renferment ces deux quantités sont ceux qui demandent la consideration de la parallaxe du Soleil.

Les quatre derniers de l' une & de l' autre de ces quantités sont ceux qui resultent de la variation de la poſition de l' orbite de la Lune par rapport au Soleil. L lettre ω qui entre dans les termes exprime le rapport du moïen mouvement du Noeud à celui de la Lune.

La determination de ces termes demande ainſi que nous l' avons déja dit, quelque choſe de plus que ce qui precede, mais on verra qu' ils ſe trouvent de la même maniere que les prémiers lorsqu' on aura appris dans la 2de Partie à trouver le mouvement des Noeuds & la variation de l' Inclinaiſon.

Les ſeuls élemens aſtronomiques que j' aye emploïés pour parvenir aux quantités précedentes ſont

1° l'excentricité e que je ſuppoſe de 0,05505, c'eſt-à-dire égale à la moienne de celles qu' on prend dans la Theorie ordinaire.

2° Le rapport du mouvement moien du Soleil à celui de la Lune que j' ai fait $=0,0748011$.

3° L' excentricité de l' orbite ſolaire que j' ai pris de 0,01683.

4° La parallaxe du Soleil que j'ai ſuppoſé de 12''.

XXXI.

LEMME III.

Dans une équation telle que $x = v + a \sin. mv$ *où* a *eſt une quantité peu au deſſus de* 0,1 *&* *où* m *n' eſt pas fort different de l' unité, la valeur de* v *en* x *ſera determinée à moins de* 2'' *ou* 3'' *d' erreur par la formule*

$$v = x - a\left(1 - \frac{m^2 a^2}{8}\right) \sin. mx + \tfrac{1}{2} a^2 m \sin. 2mx - \tfrac{3}{8} a^3 m^2 \sin. 3mx.$$

XXXII.

LEMME IV.

Dans l'equation $x = v + a \sin. mv + b \sin. pv$ *qui contient de plus que la précedente un terme dont le coefficient est restraint de même à ne jamais surpasser considerablement* 0, 1 *&* *où* p *est plûtôt au dessous de* 2 *qu'au dessus, l'on aura avec une exactitude à peuprès la même*

$$v = x - a\left(1 - \frac{m^2a^2}{8} - \frac{m^2b^2}{4}\right)\sin. mx + \frac{ab}{2}x(p+m)\sin.(p+m)x - \frac{1}{8}a^2b(2m+p)^2\sin.(2m+p)x$$

$$+ \frac{1}{2}a^2m\sin. 2mx - \frac{ab}{2}(p-m)\sin.(p-m)x + \frac{1}{8}a^2b(2m-p)^2\sin.(2m-p)x$$

$$- \frac{3}{8}a^3m^2\sin. 3mx$$

$$- \frac{1}{8}b^2a(2p+m)^2\sin.(2p+m)x$$

$$- b\left(1 - \frac{p^2b^2}{8} - \frac{p^2a^2}{4}\right)\sin. px \qquad + \frac{1}{8}b^2a(2p-m)^2\sin.(2p-m)x$$

$$+ \frac{1}{2}pb^2\sin. 2px$$

$$- \frac{3}{8}p^2b^3\sin. 3px$$

XXXIII.

XXXIII.

LEMME V.

Enfin dans l'équation $x = v + a\ \text{ſin.}\ mv + b\ \text{ſin.}\ pv + c\ \text{ſin.}\ qv$ *où le* 3me *terme est ſoumis aux mêmes conditions on a*

$$v = x - a\left(1 - \frac{m^2a^2}{8} - \frac{m^2b^2}{4} - \frac{m^2c^2}{4}\right)\text{ſin.}\ mx + \frac{ab}{2}(p+m)\ \text{ſin.}\ (p+m)x - \tfrac{1}{8}a^2b(2m+p)^2\ \text{ſin.}(2m+p)x - \tfrac{1}{4}abc(q+p+m)^2\ \text{ſin.}\ (q+p+$$

$$+ \tfrac{1}{8}a^2b(2m-p)^2\ \text{ſin.}\ (2m-p)x + \tfrac{1}{4}abc(q+p-m)^2\ \text{ſin.}\ (q+p-$$

$$+ \tfrac{1}{2}a^2m\ \text{ſin.}\ 2mx - \frac{ab}{2}(p-m)\ \text{ſin.}(p-m)x$$

$$- \tfrac{1}{8}ab^2(2p+m)^2\ \text{ſin.}(2p+m)x + \tfrac{1}{4}abc(q-p+m)^2\ \text{ſin.}(q-p-$$

$$- \tfrac{3}{8}a^3m^2\ \text{ſin.}\ 3mx + \frac{ac}{2}(q+m)\ \text{ſin.}(q+m)x$$

$$+ \tfrac{1}{8}ab^2(2p-m)^2\ \text{ſin.}(2p-m)x + \tfrac{1}{4}abc(m-q+p)^2\ \text{ſin.}(m-q$$

$$- b\left(1 - \frac{p^2b^2}{8} - \frac{p^2a^2}{4} - \frac{p^2c^2}{4}\right)\text{ſin.}\ px - \frac{ac}{2}(q-m)\ \text{ſin.}(q-m)x - \tfrac{1}{8}a^2c(2m+q)^2\ \text{ſin.}(2m+q)x$$

$$+ \tfrac{1}{2}b^2p\ \text{ſin.}\ 2px + \frac{bc}{2}(p+q)\ \text{ſin.}(q+p)x + \tfrac{1}{8}a^2c(2m-q)^2\ \text{ſin.}(2m-q)x$$

$$- \tfrac{3}{8}p^2b^3\ \text{ſin.}\ 3px - \frac{bc}{2}(q-p)\ \text{ſin.}\ (q-p)x - \tfrac{1}{8}c^2a(2q+m)^2\ \text{ſin.}(2q+m)x$$

$$+ \tfrac{1}{8}c^2a(2q-m)^2\ \text{ſin.}(2q-m)x$$

$$- c\left(1 - \frac{q^2c^2}{8} - \frac{q^2b^2}{4} - \frac{q^2a^2}{4}\right)\text{ſin.}\ qx$$

$$+ \tfrac{1}{2}c^2q\ \text{ſin.}\ 2qx$$

$$- \tfrac{3}{8}c^3q^2\ \text{ſin.}\ 3qx$$

$$- \tfrac{1}{8}b^2c(2p+q)^2\ \text{ſin.}\ (2p+q)x$$

$$+ \tfrac{1}{8}b^2c(2p-q)^2\ \text{ſin.}\ (2p-q)x$$

$$- \tfrac{1}{8}bc^2(2p+q)^2\ \text{ſin.}\ (2p+q)x$$

$$+ \tfrac{1}{8}bc^2(2p+q)^2\ \text{ſin.}\ (2q+p)x$$

On trouveroit aiſement d'après ces Lemmes la reſolution des Equations qui contiendroient un plus grand nombre de termes.

XXXIV.

PROBLEME VI.

On propoſe de tirer de l'expreſſion générale de l'Art. XXIX. la valeur de la longitude vraïe exprimée en lon-

gitude moïenne x, *&* *l'on demande la maniere la plus simple de rectifier cette valeur de* v *lorsqu'on fera quelque correction, ou qu'on ajoutera quelques nouveaux termes à* x.

§. 1. Nous ne prendrons d'abord que les quatre termes $v + 0{,}1106996\, \text{fin.}\, mv + 0{,}0227726\, \text{fin.}\left(\frac{2}{n} - m\right)v - 0{,}0093021\, \text{fin.}\frac{2}{n}v$ de la valeur de x & mettant a à la place de 0, 1106996; α à la place de 0, 0227726 & $-\beta$ à la place de 0, 0093021 nous aurons par le Lemme précedent pour la resolution de cette équation en negligeant quelques uns des termes de ce Lemme à cause que α & β font beaucoup plus petits qu'on n'avoit supposés b & c.

$$v = x - \left\{\begin{matrix} a - \frac{m^2a^3}{8} - \frac{m^2\alpha^2}{4} \\ - \frac{m^2a\beta^2}{4} - \frac{\alpha\beta m}{4} \end{matrix}\right\} \text{fin.}\, mx - \left(\alpha - \frac{\left(\frac{2}{n}-m\right)^2\alpha a^2}{4} - a\beta\left(\frac{2}{n}-m\right)\right)\text{fin.}\left(\frac{2}{n}-m\right)x + \left(\beta - \frac{a^2\beta}{nn} - \beta\alpha^2 + \frac{a\alpha}{n}\right)\text{fin.}\frac{2}{n}x$$

$$+ \left(\tfrac{1}{2}a^2m - \alpha\beta a m^2\right)\text{fin.}\, 2mx + \left(\tfrac{1}{2}\alpha^2\left(\frac{2}{n}-m\right) - \alpha\beta a\left(\frac{2}{n}-m\right)^2\right)\text{fin.}\left(\frac{4}{n}-2m\right)x + \left(\frac{1}{n}\beta^2 + \frac{4a\alpha}{nn}\beta\right)\text{fin.}\frac{4}{n}x$$

$$- \tfrac{3}{8}a^3m^2\,\text{fin.}\, 3mx$$

$$- \alpha a\left(m - \frac{1}{n}\right)\text{fin.}\left(2m - \frac{2}{n}\right)x - \left(\frac{\alpha\beta}{2}\left(\frac{2}{n}+m\right) + \tfrac{1}{8}a^2\alpha\left(\frac{2}{n}+m\right)^2\right)\text{fin.}\left(\frac{2}{n}+m\right)x + \tfrac{1}{8}a^2\alpha\left(3m - \frac{2}{n}\right)^2\text{fin.}\left(3m - \frac{2}{n}\right)x + \tfrac{1}{8}a\alpha^2\left(\frac{4}{n} - 3m\right)^2\text{fin.}\left(\frac{4}{n} - 3m\right)x$$

$$+ \tfrac{1}{8}a^2\beta\left(\frac{1}{n}+m\right)^2\text{fin.}\left(\frac{2}{n}+2m\right)x - \left(\frac{\alpha\beta}{2}\left(\frac{4}{n}-m\right) + \tfrac{1}{8}a\alpha^2\left(\frac{4}{n}-m\right)^2 - \tfrac{1}{8}a\beta^2\left(\frac{4}{n}-m\right)^2\right)\text{fin.}\left(\frac{4}{n}-m\right)x - \tfrac{1}{8}\beta^2 a\left(\frac{4}{n}+m\right)^2\text{fin.}\left(\frac{4}{n}+m\right)x$$

§. 2. Quant aux autres termes de la même equation comme ils font beaucoup plus petits que ces trois premiers on pourra trouver ce qu'ils ajoutent à la valeur de v par la formule suivante:

Que $+ d\,\text{fin.}\, q\, v$ répréfente un de ces termes quelconques, ceux qu'il introduira dans la valeur de x feront exprimés par

$$-d(1-\tfrac{1}{4}q^2a^2)\sin.\,qx+\tfrac{1}{2}ad(m+q)\sin.(m+q)x+\tfrac{1}{2}\alpha d(\tfrac{2}{n}-m+q)\sin.(\tfrac{2}{n}-m+q)x-\tfrac{1}{2}\beta d(\tfrac{2}{n}+q)\sin(\tfrac{2}{n}+q)x$$

$$-\tfrac{1}{2}ad(m-q)\sin.(m-q)x-\tfrac{1}{2}\alpha d(\tfrac{2}{n}-m-r)\sin.(\tfrac{2}{n}-m-q)x+\tfrac{1}{2}\beta d(\tfrac{2}{n}-q)\sin.(\tfrac{2}{n}-q)x$$

$$-\tfrac{1}{8}a^2d(2m+q)^2\sin(2m+q)x$$

$$+\tfrac{1}{8}a^2d(2m-q)^2\sin.(2m-q)x$$

§. 3. Mais cette valeur quoique beaucoup plus abregée que celle que donne la methode des Lemmes précedens, ſera encore d'une exactitude ſuperflue dans les plus petits termes de la valeur de x tels que $0,0001802 \times \sin.(\tfrac{1}{n}+1-m)v$ &c. On pourra ſe contenter dans ces termes de la formule

$$-d\sin.\,qx+\tfrac{1}{2}ad(m+q)\sin.(m+q)x-\tfrac{1}{2}ad(m-q)\sin.(m-q)x$$

§. 4. Si l'on emploïe maintenant toutes ces formules on trouvera la reſolution de l'equation de l'Art. XXIX la quelle ſera

$$v=x-0{,}1105337\sin.\,mx-0{,}0005462\sin.\tfrac{1}{n}x-0{,}0223318\sin.(\tfrac{2}{n}-m)x+0{,}0001954\sin.(\tfrac{1}{n}-m)x+0{,}0000340\sin.(\tfrac{1}{n}+m)x$$

$$+0{,}0037918\sin.\,2mx+0{,}0116083\sin.\tfrac{2}{n}x+0{,}0002118\sin.(\tfrac{4}{n}-2m)x+0{,}0006495\sin.(\tfrac{2}{n}-2m)x+0{,}0000455\sin.(\tfrac{2}{n}+2m)x$$

$$-0{,}0001805\sin.\,3mx+0{,}0001301\sin.\tfrac{4}{n}x\qquad-0{,}0000896\sin.(\tfrac{2}{n}-3m)x-0{,}0003308\sin.(\tfrac{4}{n}-m)x$$

$$+0{,}0028100\sin.(1-\tfrac{1}{n})x+0{,}0001016\sin.(1+\tfrac{1}{n})x-0{,}0007897\sin.(\tfrac{3}{n}-1)x-0{,}0002145\sin.(1+\tfrac{1}{n}-m)x+0{,}0009788\sin.(\tfrac{3}{n}-1-m)x$$

$$-0{,}0001040\sin.(2-\tfrac{2}{n})x+0{,}0001411\sin.(\tfrac{3}{n}-1+m)x+0{,}0001075\sin.(1+\tfrac{1}{n}-2m)x-0{,}0000596\sin.(\tfrac{3}{n}-1-2m)x-0{,}0000563\sin.(2m+$$ [illegible]

$$+0{,}0006666\sin.(m+\tfrac{1}{n}-1)x-0{,}0000354\sin.(2m+1-\tfrac{1}{n})x+0{,}0000439\sin.(\tfrac{5}{n}-1-m)x$$

$$-0{,}0004963\sin.(m+1-\tfrac{1}{n})x$$

$$-0{,}0003930\sin(2-\tfrac{2}{n}+2\omega)x+0{,}0004356\sin.(2-m+2\omega)x+0{,}0003481\sin.(2-2m+2\omega)x$$

§. 5. Et lorsqu'on voudra faire quelque changement à la valeur de x ſoit en introduiſant de nouveaux termes, ſoit en diminuant ou augmentant les coefficiens de

H 2

ceux qu' elle contient, rien ne ſera plus facile par les formules qu' on vient de donner.

XXXV.

De la maniere de conſtruire des Tables pour trouver le lieu de la Lune dans ſon orbite.

Je remarque d' abord que l' angle $\frac{1}{n}x$ qui entre dans la compoſition de tous les termes de v n' eſt autre choſe que la diſtance moienne de la Lune au Soleil, que l' angle $(1-\frac{1}{n})x$ eſt l' anomalie moienne du Soleil, mx l' anomalie moienne de la Lune, je ſubſtitue enſuite t à la prémiere de ces quantites, z à la ſeconde & y à la 3eme. Obſervant encore de mettre à la place de $(1-\frac{1}{n}+\omega)x$ qui exprime la diſtance moienne du Soleil au Noeud, la lettre u.

Enfin je reduis tous les coefficiens de l' équation précedente en minutes & ſecondes & j' ai

$$\begin{aligned} v = x & - 6^{\circ}19'57'' \sin. y - 1'53'' \sin. t - 1^{\circ}16'45'',8 \sin.(2t-y) + 40'' \sin.(t-y) \\ & + 13'21'' \sin. 2y + 19'54'',2 \sin. 2t + 43'',5 \sin.(4t-2y) + 2'14'' \sin.(2t-2y) \\ & - 37'',2 \sin. 3y + 26'',8 \sin. 4t \\ & + 7'' \sin.(t+y) + 18'',4 \sin.(3y-2t) - 1'8'',2 \sin.(4t-y) - 3'19'',3 \sin.(2t+y) \\ & + 6'',5 \sin.(2t+2y) \\ & + 9'9'',6 \sin. z + 2'17'',5 \sin.(y-z) - 1'42'',3 \sin.(y+z) - 2'42'',8 \sin.(2t-z) \\ & - 2'',4 \sin. 2z \\ & + 3'21'',8 \sin.(2t-z-y) + 20'',9 \sin.(2t+z) - 44'',2 \sin.(2t+z-y) + 29'',1 \sin.(2t-z+y) \\ & - 12'',3 \sin.(2t-z-2y) - 11'',6 \sin.(2y-z) + 22'',1 \sin.(2t+z-2y) \\ & - 1'21'' \sin. 2u + 1'29'',8 \sin.(2u+2t-y) + 1'14'',7 \sin.(2u+2t-2y). \end{aligned}$$

Dans la quelle v & x expriment, ſuivant les principes que nous avons ſuivies dans ce memoire, des angles qui ſe comptent depuis un axe où nous avons ſuppoſé que les deux aſtres étoient à la fois dans leur Apogée; mais comme il n' importe pas de ſavoir où eſt placé cet axe, à cauſe que la difference entre v & x ſera la même toutes les fois que les angles t, y, z auront les mêmes ſinus & affectés des mêmes ſignes, il eſt clair qu' on peut faire commencer v & x de quel point l'on voudra, & que x exprimant la longitude moienne prise de quelque époque fixe d'un lieu moien de la Lune, la formule précedente exprimera le lieu vrai de la Lune dans l'orbite. Cela posé je forme des Tables de mouvemens uniformes ou moiens, ainsi que l'on en use dans les Tables ordinaires; par leur secours j'ai pour les années, mois, jours, heures &c. le lieu moien de la Lune, son anomalie moienne y, la distance moienne de la Lune au Soleil t, l'anomalie moienne du Soleil z, le double de la distance du Noeud au Soleil $2u$. Je fais suivre ces 1eres Tables de 23 autres qui contiennent les equations dont les Argumens sont, $y, t, t-y, 2t-y, 4t-y; z, y-z, y+z, 2t-z, 2t+y, 2t-y-z, 2t-2y+z, 2t+z, 2t+z-y, 2t-z+y, 2t-z-2y, 2y-z, t+y, 3y-2t, 2u, 2u+2t-y, 2u+2t-2y$, les quelles sont données par les coefficiens de la formule précedente.

Ces Tables étant donc faites, lorsque je veux calculer un lieu de la Lune pour un instant quelconque, je commence par trouver, à l'aide des prémieres, les angles t, y, z, u. Je forme ensuite les argumens y, t &c. sans faire entrer de secondes dans leurs valeurs que pour les prémiers, & negligeant même les minutes dans ceux qui ne conviennent qu'aux petites équations; l'ordre que je leur ai donné rend assés facile la determination de tous ces argumens.

Ces argumens trouvés, je prends dans les secondes Tables les équations qui y répondent avec leurs signes, mettant toutes les positives d'un même coté & les negatives de l'autre. Je reduis ensuite toutes ces équations à une & l'appliquant au lieu moien de la Lune j'ai le lieu vrai dans l'orbite.

SECONDE PARTIE

Où l'on enſeigne à trouver le mouvement des Noeuds de la Lune & la variation d'inclinaiſon de ſon orbite par rapport à l'Ecliptique.

I.

PROBLEME I.

Fig. 4. *☊BL☋ répréſentant l'orbite qu'un corps* L *decrit autour du centre* T *en vertu de forces quelconques qui agiſſent dans le plan de cette orbite ; on demande le mouvement donné à ce plan par une force* Σ *dont l'action eſt toûjours parallele à la droite* TS *tirée du centre* T *à un corps* S *placé ſur le plan fixe* ☊B′L′ *& dont la marche eſt connue.*

Que le petit coté L*l* ſoit celui que le corps L décriroit dans un inſtant quelconque donné, ſi la force vers S n'agiſſoit pas dans cet inſtant ; il eſt clair qu'en exprimant par dT cet inſtant & prenant la petite droite $l\sigma = \Sigma dT^2$, le petit coté $L\sigma$ ſera celui que le corps L doit parcourir par l'effet combiné de toutes les forces à conſiderer dans le Probleme.

Prolongeant donc L*l* & $L\sigma$ jusqu'à ce qu'elles rencontrent le plan ☊B′L′, joignant les points d'interſection *n*, N par la droite *n*N parallele à T, tirant T*n* l'angle

nTN réprésentera le mouvement instantané que doit avoir autour de T la droite ☊TN qui fait l' intersection de l' orbite proposée avec le plan de la base ☊B′L′.

Afin de trouver l' expression de cet angle nous remarquerons d' abord que n N doit avoir pour valeur $\frac{LN}{Ll} \times l\sigma$ ou $\frac{LN \times \Sigma dT^2}{Ll}$ et que par consequent la petite perpendiculaire abaissée de n sur TN sera $\frac{LN \times \Sigma dT^2 \times \text{sin. ST☊}}{Ll}$ laquelle divisée par Tn ou TN donnera $\frac{LN}{TN} \times \frac{\Sigma dT^2}{Ll}$ *sin.* ST☊ pour le petit angle cherché nTN, & cette expression, en nommant r le raion vecteur LT, & dv l' angle LTl (ce qui rend $Ll = \frac{r\,dv}{\text{sin. NLT}}$) se change en $\frac{\Sigma dT^2}{r\,dv} \times$ *sin.* LTN avec laquelle on trouvera le mouvement cherché de l' orbite ☊BL☋, ou plutôt de la ligne des noeuds, aussitôt que la force Σ & les autres quantités indeterminées de cette expression seront fixées par les conditions particulieres du probleme.

II.

Modification de la formule précédente pour le cas où l' on suppose que l' orbite ☊BL est celle de la Lune.

On a alors pour la force Σ due au Soleil la quantité $\frac{3Nr}{l^3}$ *cos.* STL, en negligeant les termes où l seroit élevé à de plus hautes puissances, & en nommant toûjours, comme dans la 1ere Partie, l la distance de la Terre au Soleil, N la masse de cet astre.

Il faut donc substituer cette valeur de Σ dans la formule précedente, ce qui la changera en $\frac{3NdT^2}{l^3 dv}$ (*cos.* STL × *sin.* ST☊ × *sin.* LT☊) ou $\frac{3v\,dx^2}{dv} \times \frac{f^2}{l^3}$ (*cos.* STL × *sin.* ST☊ × *sin.* LT☊) en nommant v le quarré du rapport qu' a le mouvement moien du Soleil au moien mouvement de la Lune, & x comme ci-dessus l'anomalie moienne de la Lune.

Reste maintenant à mettre à la place des angles STL, ST☊, LT☊, des valeurs dont nous puissions faire usage. Pour y parvenir soient nommés $(1-\psi)$ le cosinus de l'inclinaison des deux orbites, lequel peut être regardé ici comme constant, z l'angle B'TS decrit par le Soleil dans le même tems que la Lune a decrit l'angle v, supposant toûjours comme dans la 1ere Partie que ces deux angles se comptent d'un même axe où etoient d'abord les deux Astres. Soit de plus q l'angle B'T☊ décrit par le noeud pendant que la Lune & le Soleil ont décrit les angles v & z.

Cela posé, on verra facilement que l'angle BT☊ qui ne differe que très peu de l'angle B'T☊, sera exprimé avec une exactitude suffisante par $q+\frac{1}{2}\psi\, sin.\, 2q$ & que partant l'angle ☊TL le sera de même par $q+v+\frac{1}{2}\psi\, sin.\, 2q$.

Quant à l'angle ST☊ il n'est autre chose que $q+z$. Comme le cosinus de STL a eté déja trouvé dans la prop: V de la Iere Partie il ne s'agit plus que d'en changer les denominations, ce qui ne demande autre chose que de mettre $z+q$ à la place de u.

Ainsi le cosinus en question de l'angle STL qui avoit pour valeur $cos.\, t \times \frac{l'}{l}$ ou $(cos.\, t-\frac{1}{2}\psi\, sin.\, 2v\, sin.\, t)\times(1-\frac{1}{2}\psi+\frac{1}{2}\psi\, cos.\, 2u)$ ou $(1-\frac{1}{2}\psi)\, cos.\, t+\frac{1}{2}\psi\, cos.\, (2u+t)$, sera maintenant exprimé par $1-\frac{1}{2}\psi\, cos.\, (v-z)+\frac{1}{2}\psi\, cos.\, (2q+v+z)$.

Substituant ces trois valeurs dans la formule précedente, on aura en supprimant les termes qui augmenteroient inutilement le calcul

$dq =$

$dq = \frac{3}{4} v (1-\psi) \times \frac{f^3 dx^2}{l^3 dv} (1 + (1+\frac{1}{2}\psi) cof.(2v-2z) - cof.(2q+2v) - cof.(2q+2z))$ ou
$dq = \frac{3}{4} v' \frac{f^3 dx^2}{l^3 dv} (1 + cof.(2v-2z) - cof.(2q+2v) - cof.(2q+2z))$ en faifant $v' = v(1-\psi)$
& en negligeant le terme $\frac{3}{8} v \psi \frac{f^3 dx^2}{l^3 dv} cof.(2v-2z)$ qui eft en effet très negligeable.

III.

Refolution de l'équation précedente.

§. 1. Il s'agit maintenant de trouver la valeur de q dans l'équation $dq = \frac{3}{4} v' \frac{f^3 dx^2}{l^3 dv} (1 + cof.(2v-2z) - cof.(2q+2v) - cof.(2q+2z))$; Pour y parvenir il faudra commencer par chaffer l, v & z de cette équation, en mettant leurs valeurs en x que l'on a trouvées, ou qui refultent de ce qui a été dit dans la Iere Partie.

Mais à caufe de la petiteffe du coefficient $\frac{3}{4} v'$ nous pourrons nous difpenfer de prendre tous les termes qu'ont les valeurs de ces quantités, & il nous fuffira par exemple de prendre pour la valeur de v les feuls termes affectés de mx, $2mx$, $\frac{2}{n} x$, $(\frac{2}{n} - m)x$, $(1 - \frac{1}{n})x$ nous écrirons ainfi cette valeur.
$v = x - a\, fin.\, mx + b\, fin.\, 2mx + \beta\, fin.\, \frac{2}{n} x - \alpha\, fin\, (\frac{2}{n} - m)x + \gamma\, fin.(1 - \frac{1}{n})x$
Quant à z fa valeur depend de l'équation $z + 2i\, fin.\, z + \frac{3}{4} ii\, fin.\, 2z = (1 - \frac{1}{n})x$ qui étant refolue, donne
$z = (1 - \frac{1}{n})x + 2i\, fin.(1 - \frac{1}{n})x + \frac{5}{4} ii\, fin.(2 - \frac{2}{n})x$
De ces deux valeurs on tirera aifement après avoir fait
$\ddot{i} = i + \frac{1}{2}\gamma$

$$cof.(2v-2z) = (1-aa)\, cof.\frac{2}{n}x + (\frac{1}{2}aa + b) cof.(\frac{2}{n} + 2m)x + a\, cof.(\frac{2}{n} - m)x + \beta\, cof.\frac{4}{n}x + \alpha\, cof.\, mx - 2\ddot{i}\, cof.(\frac{3}{n} - 1)x + \frac{5}{4} \ddot{i}\ddot{i}\, cof.\, 2x$$
$$+ (\frac{1}{2}aa - b) cof.(\frac{2}{n} - 2m)x - a\, cof(\frac{2}{n} + m)x - \beta \qquad - \alpha\, cof.(\frac{4}{n} - m)x + 2\ddot{i}\, cof.(1 + \frac{1}{n})x - \frac{5}{4}\ddot{i}\ddot{i}\, cof.(\frac{4}{n} - 2)x$$

qui eft l'une des principales quantités qui entrent dans la valeur cherchée.

§. 2. On verra ensuite que la valeur de $\frac{f^3}{l^3}$ sera suffisament exacte en la prenant égale à $1 + 3ii - 3i \cos.(1-\frac{1}{n})x + \frac{3}{2}ii \cos.(2-\frac{2}{n})x$

§ 3. Quant à celle de $-\frac{dx}{dv}$ on commencera pour l'avoir, par differencier v & diviser sa differentielle par dx ce qui donnera :

$1 - am \cos.mx + 2bm \cos. 2mx + \frac{2}{n}\beta \cos.\frac{2}{n}x - (\frac{2}{n}-m)\alpha \times \cos.(\frac{2}{n}-m)x + \gamma(1-\frac{1}{n})x \cos.(1-\frac{1}{n})x$ qui elevé à la puissance -1 donnera

$$\frac{dx}{dv} = 1 + \frac{1}{2}a^2m^2 + 2b^2m^2 + \frac{\beta\beta}{nn} + (\frac{2}{n}-m)^2\frac{\alpha^2}{2} + \frac{3}{2}a^2bm^2 + (am + \frac{3}{4}a^3m^3 - 2am^2b)\cos.mx - \frac{2}{n}(\beta - (\frac{2}{n}-m)a\alpha m + 3\frac{a^2\beta m^2}{n})\cos.\frac{2}{n}x$$

$$+ (\frac{1}{2}a^2m^2 - 2bm)\cos. 2mx$$

$$+ ((\frac{2}{n}-m)\alpha - \frac{2a}{n}m\beta + (\frac{2}{n}-m)\alpha\frac{3}{2}a^2m^2)\cos.(\frac{2}{n}-m)x + \gamma(1-\frac{1}{n})\cos.(1-\frac{1}{n})x$$

§. 4. Et ces valeurs de $\frac{f^3}{l^3}$ & de $\frac{dx}{dv}$ après avoir fait

$\overset{n}{1} = 1 + \frac{1}{2}a^2m^2 + 2b^2m^2 + \frac{2\beta^2}{nn} + (\frac{2}{n}-m)^2\frac{\alpha^2}{2} + \frac{3}{2}ii - \frac{3}{2}i\gamma(1-\frac{1}{n}) + \frac{3a^2bm^2}{2}$

$a' = am + \frac{3}{4}a^3m^3 - 2am^2b + \frac{3}{2}amii$

$\frac{2}{n}\beta' = \frac{2}{n}\beta - (\frac{2}{n}-m)a\alpha m + \frac{3}{n}\beta ii$

$(\frac{2}{n}-m)\alpha' = (\frac{2}{n}-m)\alpha - \frac{2am\beta}{n} + \frac{3}{2}ii\alpha(\frac{2}{n}-m) + \frac{2}{n}-m\alpha.\frac{3}{2}a^2m^2$

$3j = 3i - \gamma(1-\frac{1}{n})$

donneront pour leur produit

$$\frac{f^3dx}{dv} = \overset{n}{1} + a'\cos.mx - \beta'\cos.\frac{2}{n}x + (\frac{2}{n}-m)\alpha'\cos.(\frac{2}{n}-m)x - 3j\cos.(1-\frac{1}{n})x$$
$$+ \frac{3}{2}ii\cos.(2-\frac{2}{n})x$$
$$+ (\frac{1}{2}a^2m^2 - 2bm)\cos.(2+n)x$$

§. 5 L'on a présentement par cette valeur & par celle de $\cos.(2v-2z)$ qu'on a trouvée §. 1, ce que demandent les termes de la valeur générale de dq qui ne renferment point la lettre q. Faisant donc

$$I = \tilde{\imath} - \tilde{\imath}\beta - \beta'\left(\frac{1-a\alpha}{n}\right) + \tfrac{1}{2}a'\alpha + \left(\tfrac{2}{n} - m\right)\alpha'\tfrac{a}{2}$$

$$\hat{a} = a' + \tilde{\imath}\alpha - \tfrac{1}{2}a\beta' + \left(\tfrac{2}{n} - m\right)\tfrac{\alpha'}{2}(1-aa)$$

$$\tfrac{3}{2}\grave{a} = a\tilde{\jmath} + \tfrac{1}{2}a'(1-aa) + \left(\tfrac{2}{n} - m\right)\alpha'$$

$$\tfrac{7}{2}\hat{\imath} = 2\ddot{\imath}\tilde{\imath} + \tfrac{3}{2}j(1-aa)$$

$$K = \tfrac{1}{2}aa' + \tfrac{1}{2}(a^2 - b.)\tilde{\imath} + \tfrac{1}{4}a^2m^2 - bm + \left(\tfrac{2}{n} - m\right)\tfrac{\alpha'}{2}$$

On aura

$$\tfrac{3}{4}v'\frac{f^3}{l^3}\frac{dx^2}{dv}\left(1 + cos.(2v-2z)\right) = \tfrac{3}{4}v'dx\Big(I + \hat{a}\,cos\,mx - \left(\tfrac{2}{m}\beta' - (1-aa)\tfrac{\alpha'}{2}\right)cos\tfrac{2}{n}x + \tfrac{3}{2}\hat{a}\,cos.\left(\tfrac{2}{n}-m\right)x - 3j\,cos.\left(1-\tfrac{1}{n}\right)x - \tfrac{7}{2}\hat{\imath}\,cos.\left(\tfrac{3}{n}-1\right)x + K\,cos.\left(2m-\tfrac{2}{n}\right)x$$
$$+ \left(\tfrac{1}{2}a^2m^2 - 2bm\right)cos.\,2mx \qquad + \tfrac{3}{2}ii\,cos.\left(2-\tfrac{2}{n}\right)x$$

§. 6 Il ne s' agit donc plus que de paſſer aux termes qui contiennent l' inconnue cherchée q. La 1ere choſe que ce travail exige c' eſt de chaſſer z & v des quantités $cos\,(2v + 2q)$ & $2z + 2q$ cette operation ſemblable à toutes celles que nous avons déja tant de fois emploïées donnera tout de ſuite

$$cos.(2q + 2z) = (1 - 4ii)cos.\left(2 - \tfrac{2}{n}x + 2q\right) + \tfrac{3}{4}ii\,cos\,2q + 2i\,cos\left(\left(1-\tfrac{1}{n}\right)x + 2q\right) - 2i\,cos.\left(\left(3-\tfrac{3}{n}\right)x + 2q\right)$$

$$cos.(2v + 2q) = (1-aa)cos.(2x + 2q) + \left(\tfrac{1}{2}aa - b\right)cos.\left((2-2m)x + 2q\right) + a\,cos.\left((2-m)x + 2q\right) - \beta\,cos\left(\left(2-\tfrac{2}{n}\right)x + 2q\right) + \alpha\,cos.\left(\left(2 - \tfrac{2}{n} + m\right)x + 2q\right)$$
$$- a\,cos.\left((2+m)x + 2q\right)$$

Or ces deux quantités étant ajoutées & multipliées par $-\tfrac{3}{4}v'\frac{f^3dx^2}{dv}$, dont nous avons déja la valeur, donneront pour le reſte de la valeur de dq dont nous avons déja les premiers termes

$$-\tfrac{3}{4}v'\frac{f^3}{l^3}\frac{dx^2}{dv} = -\tfrac{3}{4}v'dx\Big(g\,cos(2x + 2q) + b\,cos.\left(\left(2-\tfrac{2}{n}\right)x + 2q\right) + \tfrac{5}{4}aa''cos.(2 - 2m + 2\omega)x + \left(\tfrac{7}{2}i - \tfrac{3}{2}j\beta\right)cos.\left(1 - \tfrac{1}{n} + 2\omega\right)x - \tfrac{3}{2}i\,cos.\left(3 - \tfrac{3}{n} + 2\omega\right)x$$
$$- \left(\tfrac{7}{2}i + \tfrac{3}{2}i\beta\right)cos.\left(3 - \tfrac{3}{n} + 2\omega\right)x - \tfrac{3}{2}i\,cos.\left(1 + \tfrac{1}{n} + 2\omega\right);$$
$$+ \tfrac{3}{2}a'''cos.(2 - m + 2\omega)x - \tfrac{7}{2}ii\,cos.\,2q - \tfrac{3}{2}a^{IV}cos.(2 + m + 2\omega)x + \tfrac{1}{2}a^{V}cos.\left(2 - \tfrac{2}{n} + m + 2\omega\right)x + \tfrac{1}{2}a'cos.\left(2 - \tfrac{2}{n} - m + 2\omega\right)$$

Après avoir fait auparavant

$$\tfrac{1}{4}aa'' = \tfrac{1}{2}aa\tilde{\imath} - b\tilde{\imath} + \tfrac{1}{2}aa' - bm + \tfrac{1}{4}a^2m^2$$

$$\tfrac{1}{2}aa''' = a\tilde{\imath} + \tfrac{\alpha'}{2}(1-aa) - \left(\tfrac{2}{n} - m\right)\tfrac{\alpha'}{2}$$

$$\tfrac{1}{2}a^{IV} = a\tilde{\imath} - \tfrac{\alpha'}{2}(1-aa)$$

$$\frac{1}{2}a^{V} = \frac{1}{2}a' + a\frac{\beta'}{n} + \alpha\bar{\iota} + \left(\frac{2}{n} - m\right)\frac{\alpha'}{2}(1-aa) - a'\frac{\beta}{2}$$
$$g = \bar{\iota}(1-aa) - \frac{1}{n}\beta'$$
$$h = \bar{\iota}(1-4ii) - \bar{\iota}\beta + \frac{a'\alpha}{2} - \beta'(1-aa) + \left(\frac{2}{n} - m\right)\frac{\alpha' a}{2}$$

§. 7. Si la valeur de dq n' etoit composée que des premiers termes trouvés dans le §. 5 on l'auroit sans aucune peine, en integrant ces termes. Quant aux seconds, l'integration en est plus difficile, à cause qu'ils contiennent eux mêmes la lettre q; on trouveroit à la verité assés facilement une prémiere valeur approchée de leur integrale en supposant, dans tous ces termes, q égal à un multiple de x dont le coefficient seroit le nombre qui exprime le rapport entre le moïen mouvement du Noeud, & celui de la Lune. Mais pour ne pas trop multiplier nos operations & pour parvenir du premier coup à la valeur de q nous n' emploïerons cette remarque qu' à nous assurer que les termes les plus essentiels de la valeur de q doivent avoir cette forme

$$q = \omega x - \tilde{o} \sin\left(1-\frac{1}{n}\right)x - \lambda \sin.(2+2\omega)x - \varpi \sin.\left(2-\frac{2}{n}+2\omega\right)x$$
$$+ \theta \sin.\frac{2}{n}x + \mu \sin.(2-2m+2\omega)x + \nu \sin\left(3-\frac{3}{n}+2\omega\right)x$$

dans la quelle ω est cette constante qui exprime le rapport du mouvement moïen des Noeuds à celui de la Lune, & en partant de-là nous pourrons chasser q des expressions de cosinus où il entre.

A cause que la plupart des termes de la valeur de dq sont extremement petits, nous n' aurons besoin d'une expression aussi complette que la précedente que pour les seuls $\cos.(2x+2q)$ & $\cos.\left(\left(2-\frac{2}{n}\right)x+2q\right)$ Dans tous les autres il suffira de faire $q = \omega x$.

Faisant donc pour ces deux termes la substitution des termes admis dans la valeur de q nous aurons

$$cos.(2x+2q)=cos.(2+2\omega)x-\tilde{o}\,cos.(2-\tfrac{1}{n}+2\omega)x+\lambda+\varpi\,cos.\tfrac{2}{n}x-\mu\,cos.2mx$$
$$-\lambda\,cos.(4+4\omega)x-\varpi\,cos.(4-\tfrac{2}{n}+4\omega)x$$
$$-\theta\,cos.(2-\tfrac{2}{n}+2\omega)x-\nu\,cos.(\tfrac{3}{n}-1)x$$

$$cos.\left((2-\tfrac{2}{n})x+2q\right)=1-\varpi^{2}cos.(2-\tfrac{2}{n}+2\omega)x+\tilde{o}\,cos.(1-\tfrac{1}{n}+2\omega)x+\lambda\,cos.\tfrac{2}{n}x+\varpi-\mu\,cos.(2m-\tfrac{2}{n})x$$
$$-\tilde{o}\,cos.(3-\tfrac{3}{n}+2\omega)x-\varpi\,cos.(4-\tfrac{4}{n}+4\omega)x$$
$$-\nu\,cos.(1-\tfrac{1}{n})x$$
$$+\theta\,cos.(2+2\omega)x$$

§. 8. Nous avons maintenant l'expression de toutes les quantités qui entrent dans la valeur de dq, il ne faut plus qu' en faire la substitution & integrer, ce qui donnera enfin pour q ou $\tfrac{3}{4}v'\int\frac{f^{2}dx^{2}}{dv}(1+cos.(2v-2z)-cos.(2q+2v)-cos.(2q+2z))$ la quantité

$$-\tfrac{3}{4}v'(1-\varpi h-\lambda g)x-\tilde{o}\,sin.(1-\tfrac{1}{n})x-\lambda\,sin.(2+2\omega)x-\varpi\,sin.(1-\tfrac{2}{n}+2\omega)x+\theta\,sin.\tfrac{2}{n}x+\mu\,sin.(2-2m-2\omega)x+\nu\,sin.(1-\tfrac{3}{n}+2\omega)x$$
$$+\frac{\varpi h}{4-\frac{4}{n}+4\omega}sin.(4-\tfrac{4}{n}+4\omega)x$$
$$+\frac{\partial}{m}sin.mx+\frac{\frac{3}{2}\partial}{\frac{2}{n}-m}sin.(\tfrac{2}{n}-m)x+\frac{K+\mu h}{2m-\frac{2}{n}}sin.(2m-\tfrac{2}{n})x-\frac{\frac{7}{2}\hat{\imath}-\gamma}{\frac{3}{n}-1}sin.(\tfrac{3}{n}-1)x+\frac{3\,ii}{4\,\omega}sin.2\omega-\frac{\frac{3}{2}a'''}{2-m+2\omega}sin.(2-m+2\omega)x$$
$$-\frac{\frac{3}{2}i+h\tilde{o}}{1-\frac{1}{n}+2\omega}sin.(1-\tfrac{1}{n}+2\omega)x-\frac{\frac{3}{2}a^{V}}{2-\frac{2}{n}+m+2\omega}sin.(2-\tfrac{2}{n}+m+2\omega)x-\frac{\frac{3}{2}\acute{a}}{m-2+\frac{2}{n}-2\omega}sin.(m-2+\tfrac{2}{n}-2\omega)x$$

pour vû que l' on prenne les lettres $\tilde{o}$, λ &c. telles qu' exigent les équations

$$\tilde{o}=\frac{3j-\nu h}{1-\frac{1}{n}}\times\tfrac{3}{4}v' \quad \mu=\frac{\frac{3}{4}aa''}{2-2m+2\omega}\times\tfrac{3}{4}v', \quad \theta=\frac{(1-aa)\bar{\imath}-\frac{2}{n}\beta'-g\varpi-h\lambda}{\frac{2}{n}}\times\tfrac{3}{4}v'$$

$$\lambda=\frac{g(1-\varpi^{2})+h\theta}{2+2\omega}\times\tfrac{3}{4}v'$$

$$\varpi=\frac{h(1-\varpi^{2})-g\theta}{2-\frac{1}{n}+2\omega}\times\tfrac{3}{4}v'$$

que donne la comparaiſon de la valeur ſuppoſée

$$\omega x - \tilde{\delta}\,\textit{ſin}\left(1-\frac{1}{n}\right)x - \lambda\,\textit{ſin.}(2+2\omega)x - \varpi\,\textit{ſin.}\left(2-\frac{2}{n}+2\omega\right)x + \theta\,\textit{ſin.}\frac{2}{n}x + \mu\,\textit{ſin.}(2-2m+2\omega)x$$
$$+ \nu\,\textit{ſin}\left(3-\frac{3}{n}+2\omega\right)x$$

avec la partie analogue de celle qui arrive après les ſubſtitutions.

IV.

Du mouvement moien du Noeud.

A l'égard du coefficient $\frac{3}{4}\,v'(1-\tilde{\omega}b-\lambda g)$ que x a dans cette valeur il doit être la même choſe que ω, ou le rapport du mouvement moien du Noeud à celui de la Lune, ſi la Theorie de l'attraction répond aux Phénomenes.

J'ai trouvé en effet après toutes les ſubſtitutions numeriques que la valeur de ce rapport donné par la formule précedente approche ſi conſiderablement de la vraie que la difference peut être negligée entierement & doit être attribuée aux petites omiſſions qu'on a faites pour ne pas trop compliquer les calculs, omiſſions qui n'apportent presque aucune erreur ſenſible aux coefficiens des equations du Noeud.

V.

Reduction de la valeur de q *en nombres.*

Les mêmes ſubſtitutions qui ne demandent pas d'autres nombres que ceux qu'on a trouvés dans la Iere Partie convertiſſent l'équation précedente en

$$q = \omega x - 0{,}002041\,\textit{ſin.}(2+2\omega)x - 0{,}026132\,\textit{ſin.}\left(2-\frac{2}{n}+2\omega\right)x + 0{,}000595\,\textit{ſin.}\,mx + 0{,}002187\,\textit{ſin.}\frac{2}{n}x$$
$$+ 0{,}000331\,\textit{ſin.}\left(4-\frac{4}{n}+4\omega\right)x$$
$$+ 0{,}000846\,\textit{ſin.}\left(\frac{2}{n}-m\right)x + 0{,}000276\,\textit{ſin.}\left(2m-\frac{2}{n}\right)x - 0{,}003019\,\textit{ſin.}\left(1-\frac{1}{n}\right)x - 0{,}000147\,\textit{ſin.}\left(\frac{3}{n}-1\right)x - 0{,}001262\,\textit{ſin.}(2-2m+2\omega)x$$
$$- 0{,}000642\,\textit{ſin.}(2-m+2\omega)x - 0{,}000566\,\textit{ſin.}\left(1-\frac{1}{n}+2\omega\right)x + 0{,}001113\,\textit{ſin.}\left(3-\frac{3}{n}+2\omega\right)x - 0{,}000335\,\textit{ſin.}\left(2-\frac{2}{n}+m+2\omega\right)x$$
$$- 0{,}000276\,\textit{ſin.}\left(m-2+\frac{2}{n}-2\omega\right)x$$

Dans la quelle je mets ensuite à la place des angles

ω, $(2+2\omega)x$, $(2-\frac{2}{n}+2\omega)x$, mx, $\frac{2}{n}x$, $(\frac{2}{n}-m)x$, $(2m-\frac{2}{n})x$, $(1-\frac{1}{n})x$, $(\frac{3}{n}-1)x$, $(2-2m+2\omega)x$

$(2-m+2\omega)x$, $(1-\frac{1}{n}+2\omega)x$ &c.

leurs valeurs

$2u+2t$, $2u$, y, $2t$, $2t-y$, $2y-2t$, z, $2t-z$, $2t-2y+2u$, $2t-y+2u$, $2u-z$ etc.

en faisant comme dans la prémiere Partie

t = long. moi. ☾ — longit. moi. ☉

y = long. moi. ☾ — long. apog. ☾

z = long. moi. ☉ — long. moi. apog. ☉

u = long. moi. ☉ — long. moi. ☊

VI.

Formules qui donnent le lieu du Noeud.

Il suit de l'expression précedente de q qu' aprés avoir trouvé le lieu moien du Noeud on aura le lieu vrai en lui appliquant les équations

$$-2'3''\,\text{sin.}\,y-7'21''\,\text{sin.}\,2t-57''\,\text{sin.}(t-y)-2'54''\,\text{sin.}(2t-y)+10'23''\,\text{sin.}\,z+30''\,\text{sin.}(2t-z)+1^{\circ}29'49''\,\text{sin.}\,2u-1'6''\,\text{sin.}\,4u$$
$$+2'12''\,\text{sin.}(2u+2t-y)+1'20''\,\text{sin.}(2u+2t-2y)+7'2''\,\text{sin.}(2u+2t)-3'50''\,\text{sin.}(2u+z)+1'56''\,\text{sin.}(2u-z)+1'7''\,\text{sin.}(2u+y)$$
$$+57''\,\text{sin.}(2u-y)-44''\,\text{sin.}(2u-2z)$$

L'usage des 15 tables que donne cette formule est d'autant plus facile que la plûpart des argumens sont les mêmes que ceux qui sont emploiées pour le calcul du lieu de la Lune dans l'orbite, & que ceux qu'il faut faire de plus peuvent se former très facilement à l'aide des prémieres, & en negligeant, si l'on veut, les minutes & les secondes. On peut remarquer même qu'il y a plusieurs de ces équations telles que $30''$ *sin.* $2t-z$, $44''$ *sin.* $2u-2z$ qui sont si petites qu'en les negligeant l'erreur qui en resulteroit pour la latitude seroit bien legère.

VII.

PROBLEME.

Fig. 4. *Les mêmes choſes étant poſées que dans le Prob. 1. On demande la variation de l'inclinaiſon de l'orbite ☊ B L ☋ ſur le plan fixe ☊ B′L′ ☋.*

Soit abaiſſée de L ſur T N la perpendiculaire L F, il eſt clair qu'en tirant la ligne L′ F qui rencontre T *n* en *f*, l'angle infinement petit F L *f* ſera la variation de l'inclinaiſon de l'orbite pendant que le projectile qui la décrit va de L en *l*. Donc ſi l'on prend une droite qui ſoit à F *f* comme L F eſt à L L′ & qu'on la diviſe enſuite par L F on aura la valeur de cette variation.

Quant à la valeur de F *f* il eſt evident qu'elle n'eſt autre choſe que le produit de T *f* par l'angle infinement petit dq ou n.T N calculé dans le Prob. précedent. Donc en nommant I. l'inclinaiſon cherchée, on aura (pour cette figure) l'equation $dI = -\frac{TF}{LF}\,dq$ *ſin.* I ou $\frac{dI}{\text{ſin.} I} =$ – cotang. L T ☊ dq pour determiner la variation d'inclinaiſon cherchée.

VIII.

Application à la variation de l'inclinaiſon de l'orbite lunaire.

Si l'on met dans l'equation précedente à la place de dq ſa valeur $\frac{3v\,dx^2}{dv} \times \frac{f^3}{l^3}$ (*coſ.* S T L × *ſin.* S T ☊ *ſin.* L T ☊) trouvée Art. II. pour le cas où ☊ L eſt l'orbite de la

Lune

Lune. Cette équation se changera alors en $\frac{dI}{fin.\,I} = -\frac{3vdx^2}{dv} \times \frac{f^3}{l^3}$ (*cof.* STL *fin.* ST☊ *cof.* LT☊) de la quelle il faut faire evanouir les angles STL, ST☊, LT☊ ainsi qu'on a fait en cherchant le mouvement des Noeuds. On aura encore comme dans l'Art. II. en gardant les mêmes denominations $cof.\,STL = (1-\frac{1}{2}\psi)\,cof.(v-z)+\frac{1}{2}\psi\,cof.(2q+v+z)$

$$LT☊ = q+v+\tfrac{1}{2}\psi\,fin.\,2q$$

$$ST☊ = q+z$$

Faisant donc les substitutions de ces quantités dans l'equation précedente elle deviendra après avoir negligé les termes dont l'effet est presque insensible

$$\frac{dI}{I} = \frac{3v'dx^2}{4dv}\frac{f^3}{l^3}\left(-fin\,(2v-2z)+fin.(2q+2z)+fin.(2q+2v)\right)$$

IX.

Integration de la quantité $\frac{3v'dx^2}{4dv} \times \frac{f^3}{l^3} \times$ *&c.*

La valeur de *fin* $(2v-2z)$ se trouvera de la même maniere que celle de *cof.* $(2v-2z)$ que nous avons emploïé Art. III. §. 1. & cette valeur sera $(1-aa)\,fin\,\frac{2}{n}x + (\frac{1}{2}aa-b)\,fin.(\frac{2}{n}-2m)x + a\,fin.(\frac{2}{n}-m)x - a\,fin.(\frac{2}{n}+m)x + \alpha\,fin.\,mx - 2i\,fin.(\frac{3}{n}-1)x + 2i\,fin.(1+\frac{1}{n})x + \frac{5}{4}ii \times fin.(\frac{4}{n}-2)x$ la quelle étant multipliée par celle de $\frac{f^3dx^2}{l^3dv}$ donnera en omettant les termes negligeables

$$\frac{f^3dx}{l^3dv} \times fin.(2v-2z) = \gamma(1-aa)\,fin.\frac{2}{n}x + \frac{3}{2}a\,fin.(\frac{2}{n}-m)x + \frac{2+\frac{2}{n}-m}{2}\alpha\,fin.\,mx - \frac{7}{2}\gamma\,fin.(\frac{3}{n}-1)x$$

$$-\frac{1}{2}a\,fin.(\frac{2}{n}+m)x \qquad\qquad +\frac{1}{2}\gamma\,fin.(1+\frac{1}{n})x$$

$$+\left(\frac{5}{4}a^2-2b+(\frac{2}{n}-m)\frac{\alpha^2}{2}\right)fin.(\frac{2}{n}-2m)x - \frac{2.6\gamma}{n}fin.(1-\frac{1}{n})x$$

Quant aux termes $f\frac{3dx}{dv}$ (*cof.* $(2q+2z)+$ *cof.* $(2q+2v)$;

leur valeur ne differera de celle de $\frac{f^3 dx}{dv}(cos.(2q+2z)+cos.(2q+2v))$ emploiée dans le Probleme précedent qu'en cela seulement que l'on aura ici des sinus par tout où l'on avoit des cosinus dans l'autre quantité. Aiant donc maintenant l'expression de toutes les parties dont est composée la valeur de $\frac{dI}{I}$ sans qu'elles renferment d'autres variables que x, on integrera sans peine cette quantité & gardant toujours les denominations précedentes l'on aura enfin

$$\frac{\ }{I} = -\lambda cos.(2+2\omega)x - \varpi cos.(2-\frac{2}{n}+2\omega)x - \mu cos.(2-2m+2\omega)x + \nu cos.(3-\frac{3}{n}+2\omega)x$$

$$+\frac{1}{4}v' \times \frac{b\varpi}{4-\frac{4}{n}+4\omega} cos.(4-\frac{4}{n}+4\omega)x$$

$$\frac{\ }{\ }v'\left(\frac{3ii}{4\omega}cos.2\omega x - \frac{\frac{3}{2}a''' cos.(2-m+2\omega)x}{2-m+2\omega} - \frac{\frac{1}{2}a^{V} cos.(2-\frac{2}{n}+m+2\omega)x}{2-\frac{2}{n}+m+2\omega} - \frac{(\ b+\frac{1}{2}i)cos.(1-\frac{1}{n}+2\omega)x}{1-\frac{1}{n}+2\omega} - \frac{\frac{1}{2}a' cos.(\frac{2}{n}+m-2+2\omega)x}{\frac{2}{n}+m+2-\omega} + \frac{i(1-nn)-\varpi+\lambda}{\frac{2}{n}} cos.\frac{2}{n}x\right.$$

$$\left.\frac{a}{\ -2m} cos.(\frac{2}{n}-m)x + \frac{\frac{2}{n}+2-m}{2m}\alpha\, cos.mx - \frac{\frac{3}{2}i-\nu}{\frac{3}{n}-1} cos.(\frac{3}{n}-1)x - \frac{\frac{3}{4}a^2-2b-\mu}{2m-\frac{2}{n}} cos.(2m-\frac{2}{n})x - \frac{(2bi+\nu)}{2-\frac{1}{n}} cos.(2-\frac{1}{n})x\right)$$

X.

Valeur de I dans l'équation précedente.

Soit nommée Ξ la quantité égale au second membre de l'équation précedente la quelle est toute donné en x, la question sera reduite a tirer I l'équation $\int\frac{dI}{I} = \Xi$ ou $\frac{dI}{I} = d\Xi$.

Pour y parvenir nous remarquerons que I qui exprime l'inclinaison cherchée n'est jamais qu'une fraction de l'unité plus petite que o, 1 & que par conſequent ſon ſinus ſera exprimé avec une exactitude plus que ſuffiſante par $I - \frac{1}{6}I^3 + \frac{1}{120}I^5$ Par ce moien l'équation précedente deviendra en négligeant les plus hautes puiſſances de I

$\frac{dI}{I} + \frac{1}{6}IdI + \frac{7}{360}I^3 dI = d\Xi$ dont l'integrale est

$lI + \frac{1}{12}I^2 + \frac{7}{1440}I^4 = \Xi + lb$ (lb etant une conſtante ajoutée dans l'integration) qui en repaſſant aux nombres donné $I = bc^{\Xi - \frac{1}{12}f^2 - \frac{7}{1440}f^4}$.

Mais comme la quantité $c^{\Xi - \frac{1}{12}f^2 - \frac{7}{1440}f^4}$ a un expoſant qui ne ſauroit jamais étre que très petit elle pourra étre changée en

$1 + \Xi - \frac{1}{12}I^2 + \frac{1}{2}\Xi^2 - \frac{1}{720}I^4 - \frac{1}{12}I^2\Xi - \frac{7}{1440}I^4\Xi + \frac{\Xi^3}{6}$ ou ſimplement $1 + \Xi - \frac{1}{12}I^2 + \frac{1}{2}\Xi^2 - \frac{1}{12}b^2\Xi$ en négligeant les termes qui ne peuvent apporter que des corrections ſuperflues.

Enfin mettant dans cette quantité à la place de $\frac{1}{12}I^2$, $\frac{1}{12}b^2 \times (1 + 2\Xi)$ qui peut lui étre ſubſtituée ſans erreur ſenſible dans cette occaſion, on aura pour l'inclinaiſon cherchée

$I = b(1 - \frac{1}{12}b^2) + b(1 - \frac{1}{4}b^2) \times (\Xi + \frac{1}{2}\Xi^2)$

XI.

Où l'on determine en nombres les coefficiens de la valeur de Ξ.

La valeur numerique de tous les coefficiens des termes que contient l'expreſſion générale de Ξ trouvée à l'Art. IX. ne demande presque aucune operation nouvelle lorsqu'on a les valeurs calculées précedemment pour la formule du Noeud, on trouvera facilement avec toutes ces valeurs que la quantité Ξ repondante à une longitude moienne quelconque x eſt

$$-0{,}002048\ cos.(2+2\omega)x-0{,}026132\ cos.(2-\frac{2}{n}+4\omega)x-0{,}001262\ cos.(2-2m+2\omega)x$$

$$+0{,}000331\ cos.(4-\frac{4}{n}+4\omega)x$$

$$+0{,}001123\ cos.(3-\frac{3}{n}+2\omega)x+0{,}000214\ cos.2\omega x-0{,}000642\ cos.(2-m+2\omega)x$$

$$-0{,}000335\ cos.(2-\frac{2}{n}+m+2\omega)x-0{,}000565\ cos.(1-\frac{1}{n}+2\omega)x-0{,}000276\ cos.(\frac{2}{n}+m-2+2\omega)x$$

$$+0{,}002199\ cos.\frac{2}{n}x+0{,}000805\ cos.(\frac{2}{n}-m)x+0{,}000137\ cos.mx-0{,}000147\ cos.(\frac{1}{n}-1)x$$

$$-0{,}000198\ cos.(2m-\frac{2}{n})x-0{,}000016\ cos.(1-\frac{1}{n})x$$

XII.

Valeur générale de I *en nombres.*

Comme nous avons trouvé un terme affecté de Ξ^2 dans la valeur de I il faut quarrer la quantité précedente pour connoître exactement celle de I.

Mais cette operation à cause de la petitesse du coefficient Ξ^2 n'exige de prendre que les termes les plus considerables de Ξ^2 les quels sont $0{,}000174+0{,}000171\times cos.(4-\frac{4}{n}+4\omega)x$.

Pour faire en suite usage de cette valeur de Ξ^2 ainsi que de celle de Ξ on a besoin de connoitre la constante $(b-\frac{1}{4}b^3)$ qui multiplie $\Xi+\frac{1}{2}\Xi^2$ dans la valeur de I. & la determination de cette constante exigeroit naturellement l'application du Probleme dont il est ici question à quelques observations, mais à cause qu'elle est petite en elle même & qu'elle ne multiplie que de petits termes, nous prendons à sa place l'inclinaison moienne de l'orbite de la Lune telle que les Astronomes la supposent ordinairement de $5^\circ\ 8\frac{1}{2}'$ par ce qu'une minute d'erreur dans la valeur de b ne produit pas une difference de plus de $2''$ dans la valeur de I.

Faiſant maintenant uſage de toutes ces valeurs, reduiſant les decimales des coefficiens en minutes & ſecondes, & ſubſtituant comme ci-deſſus à la place des angles $(2 - \frac{2}{n} + 2\omega)x$, $(2 + 2\omega)x$ &c. leurs valeurs $2u$, $2u + 2t$ &c. la valeur générale de la vraie inclinaiſon de l'orbite ſe trouvera en appliquant à une inclinaiſon conſtante peu écartée de $5^{\circ}\ 8\frac{1}{2}'$ (& que nous trouverons facilement par les obſervations) les équations ſuivantes.

$$2'',5\ cos.\ y + 41'',3\ cos.\ 2t - 3'',3\ cos.\ (t-y) + 14'',9\ cos.(2t-y) - 1'',8\ cos.\ z - 2'',7\ cos.(2t-z)$$
$$- 6'4'',6\ cos.\ 2u - 11'',8\ cos.(2u+2t-y) - 23'',4\ cos.(2u+2t-2y) - 39'',5\ cos.\ (2u+2t)$$
$$+ 6'',3\ cos.\ 4u$$
$$+ 20'',6\ cos.(2u+z) - 10'',5\ cos.(2u-z) - 6'',2\ cos.(2u+y) + 5'',1\ cos.(2u-y) + 4'',\ cos.(2u-2z)$$

Dont les Argumens étant exactement les mêmes que ceux qu'on calcule pour le Noeud, rendent l'operation fort facile puisqu'il ne s'agit que de parcourir avec ces argumens tous calculés 15 Tables d'équations dont les nombres ſont ſi petits qu'ils n'exigent point de prendre aucune partie proportionelle que de celles qu'on prend à l'oeil, & que pluſieurs d'entre ces equations peuvent-même être entierement negligées.

Scholie général.

Où l'on donne la comparaiſon de la Theorie précedente avec les obſervations.

Après avoir conſtruit des Tables de toutes les équations calculées précedemment tant pour la determination du lieu de la Lune que pour la position du Noeud & la quantite de l'inclinaison, j'ai demandé à Mr. l'Abbé de la Caille, l'un des plus habiles observateurs que je connoisse, quelques positions de la Lune determinées avec exactitude afin de pouvoir juger du degré de précision de ma Theorie.

Cet Academicien si zelé pour l'Astronomie & si propre à en avancer les progrès par ses travaux & par les secours qu'il prete à ceux qui la cultivent, m'a fourni une centaine d'observations bien discutées avec les longitudes & latitudes qui en resultent.

Il les a choisies dans toutes les principales positions de la Lune pendant l'éspace d'environ dix années. Je les joins ici avec les quantités dont s'en écartent les longitudes & les latitudes calculées par mes Tables.

L'epoque du mouvement moien de la Lune a éte prise dans les Tables de Mr. Halley en la diminuant de $4^s\ 25^\circ\ 1'\ 27''$ que demande tant la difference des meridiens que celle des Stiles & en y ajoutant $1'\ 14''$ qui est la difference moienne entre toutes les erreurs des observations calculées par Mr. Halley.

Les epoques de l'Apogée & du Noeud sont les mêmes que celles qu'a choisies Mr. Halley, à la difference près des stiles & des meridiens. L'epoque du ☉ est pour 1746 de $9^s\ 9^\circ\ 58'\ 56''$ & celle de son Apogée de $3^s\ 8^\circ\ 35'\ 18''$ telles que Mr. l'Abbé de la Caille les a determinées dans un memoire qu'il a donné cette année à l'Academie des Sciences de France.

Quant à la constante de l'Inclinaison, aiant choisi parmi les observations 6 ou 7 de celles ou a Lune est dans ses limites, afin de pouvoir tirer l'inclinaison de la seule latitude observée, j'ai trouvé par un milieu entre ces observations que cette constante etoit de $5^\circ\ 5'\ 9''$

C'est d'après ces seuls élemens que tous les lieux suivans ont été calculés. Les differences entre ces lieux & ceux qui resultent des observations serviront tant à rectifier l'excentricité supposée de 0,05505 (*) que les époques & par ce moien la Theorie en deviendra encore plus conforme aux observations.

(*) On corrigera assés exactement les lieux calculés d'après cette excentricité en changeant la somme des équations; qu'on applique au lieu moien, proportionellement au changement fait dans l'excentricité. Aiant mis à part auparavant l'équation donnée par l'argument *t* qui n'est presque pas altérée par la correction faite à l'excentricité.

TABLE

d'Observations choisies de la Lune pendant une revolution entiére de son Apogée, avec la comparaison entre ces observations & les lieux calculés.

Circonstances où la Lune s'est trouvée le jour de l'Observation.	Moment des Observations reduit en tems moïen.					Longitude de la Lune observée.				Latitude de la Lune observée.			Erreurs des Tables tirées des formules precedentes			
		I.	H.	M.	S.	S.	D.	M.	S.	D.	M.	S.	Longit ′	″	Latitude ′	″
☾ en □ avec l'apog. ☉	1737 Iuin	7.	7.	36.	0	6	10	6	36	2	16	28 B	+1	8	+0	45
☾ en octans avec ☉	Iuil.	1.	2.	58.	5	4	22	22	35	1	37	11 A	+0	41	−0	58
☾ pres de son per. le pl. pres apog. ☾ en □ avec ☉ et apo. ☉		7.	8.	11.	26	7	19	46	29	4	47	19 B	+3	3	−0	47
en □ avec ☾		16.	15.	50.	33	11	24	24	14	1	17	44 A	−4	42	+0	14
☾ vers ses limites		22	20.	26.	21	2	8	34	6	5	10	36 A	−2	52	−0	32
☾ dans sa dist. moy. de la ter.	Août	7.	9.	48.	12	9	12	48	45	4	21	57 B	+1	36	−0	45
		8.	10.	42.	8	9	26	40	4	3	32	55 B	+1	16	−1	3
☾ pres du Vet de la □ ☉	Novemb.	29	6.	29.	36	11	14	28	7	0	52	52 A	+2	44	+1	54
☾ en octans et pres de sa □ avec l'apog du ☉	Decemb.	2.	8.	38.	2	0	21	26	0	3	40	53 A	+3	10	+1	10
☾ apogee et vers ses limites.		4.	10.	4.	15	1	15	49	54	4	45	54 A	+1	5	−0	37
		5.	10	49	15	1	28	9	8	4	57	57 A	+1	51	+0	3
☾ pres de l'opposition		7.	12.	24.	17	2	23	11	51	4	41	30 A	+1	57	−0	25
		8.	13.	13.	57	3	5	57	1	4	11	39 A	−0	25	−0	20
☾ apog. et vers ses limites d'inclinaison moy.	1738 Ianv.	1.	8.	44.	34	1	23	29	45	5	4	1 A	+1	6	−0	5
		2.	9.	30.	35	2	5	53	27	5	5	42 A	+2	1	−0	11
		3.	10.	18.	25	2	18	27	42	4	53	0 A	+1	17	−0	40
		4.	11.	8.	1	3	1	14	24	4	25	3 A	+1	6	−0	52
☾ pres de son ☊		7.	13.	42.	3	4	10	55	1	1	43	14 A	−3	13	−0	19
☾ en □ et vers ses limit.	Fevr.	5.	13.	17.	29	5	3	16	19	0	20	20 B	−0	47	−0	23
		26.	6.	2.	10	2	7	53	7	5	13	54 A	−0	21	−0	20
☾ vers son ☊	Mars	4.	11.	5	21	4	26	40	55	0	17	6 A	−2	1	−0	8
☾ vers ses limites.		10.	16.	26.	16	7	26	13	4	5	15	35 B	+0	18	−2	35
		29.	7.	9.	15	3	22	58	39	3	3	47 B	−2	44	−0	9
		30.	8.	0.	6	4	6	8	21	2	1	29 B	−3	34	−0	3
☾ vers l'octans		31.	8.	51.	30	4	19	43	23	0	50	35 B	−3	18	+0	12
plus grande equat. du ☊	Avril	1.	9.	43.	28	5	3	48	26	0	25	56 A	−4	14	−0	31
☾ perig. vers l'octans	Iuil.	27.	9.	4.	47	8	21	57	11	4	30	47 B	−1	41	−1	44
☾ dans Vvers sa □	Nov.	17.	5	26	22	10	15	38	31	0	3	20 A	−2	35	+0	36
☾ vers sa dist. moy.	Decemb.	2.	17.	7	5	4	25	55	15	1	6	8 B	−2	48	+0	59
☾ pres des limites	1739 Ian.	18.	7.	30.	5	1	21	18	32	5	11	8 A	+1	49	+0	20

Circonstances où la Lune s'est trouvée le jour de l'observation	Moment des observations reduit en tems moien	Longitude de la Lune observée	Latitude de la Lune observée	Erreurs des Tables tirées des formules précedentes	
	I. H. M. S.	S. D. M. S.	D. M. S.	Longit	Latitud.
	1739 Ian. 19. 8. 15. 10	2 3 36 27	4 52 18 A	+1' 55"	+0' 22"
☾ pres du ☊	25. 13. 2. 5	4 17 44 43	0 36 20 B	−2 27	+0 3
	Fevr. 13. 4. 39. 31	1 3 34 50	5 13 46 A	+3 11	+0 13
☾ en □ avec ☉	15. 6. 9. 52	1 28 51 8	5 1 39 A	+2 20	−0 16
☾ dans son ☊	21 10 56 22	4 12 57 36	0 8 53 B	+0 54	+0 11
	22. 11. 44. 31	4 25 49 2	1 19 11 B	−0 52	+0 13
	24. 13. 19. 20	5 22 16 53	3 26 56 B	−1 13	−0 5
☾ dans ses dist. moy.	25. 14. 6. 38	6 5 54 0	4 16 55 B	−1 25	−0 29
☾ vers l'octans	26. 14. 54. 26	6 19 46 0	4 52 40 B	−0 51	−0 16
	27. 15 43 34	7 3 51 35	5 12 4 B	−1 17	−1 5
☾ vers ses pl. gr. limites	28. 16. 34. 36	7 18 9 19	5 11 56 B	−0 34	−1 16
	Mars 14. 4 2 20	1 23 29 2	5 1 43 A	+3 41	−0 33
☾ dans son pl. gr. apog. et vers ses limites	17. 6. 23. 17	3 0 38 0	3 18 14 A	+0 57	−0 34
☾ vers son ☊	21 9 35 30	4 20 19 44	0 53 45 B	−1 4	+0 10
apo. ☾ en □ avec apo. ☉	22 10 24. 16	5 3 20 38	2 0 48 B	−0 58	−0 1
	Iuillet 18. 10. 18 36	9 0 51 22	2 46 10 B	−2 28	−1 14
	19. 11. 20 23	9 16 39 55	1 25 35 B	−2 31	−0 47
☾ dans son plus pet. perig. pres de son opp. et de ☊	20. 12. 25 57	10. 2. 31. 4	0 0 47 A	−0 43	+1 29
☾ en octans	1740 Fev. 8. 9 19 53	3 7 38 4	1 23 38 A	+3 58	−1 10
☾ en □ dans son pl. gr. apog	Mai. 3. 6 15 45	4 12 41 52	2 17 2 B	+4 46	+0 56
	5. 7 45 56	5 7 10 27	3 57 47 B	+3 47	+1 13
	6. 8. 32. 53	5 19 35 20	4 33 24 B	+5 59	+0 37
apo. ☾ en □ avec ap. ☉	7. 9 12 13	6 2 15 38	4 56 10 B	+3 24	+0 20
☾ en octans et dans sa distan. moienne	Iuillet 5. 8. 46. 0	7 26 59 39	3 53 44 B	−3 19	−1 45
☾ dans la dist. moy.	1741 Ianv. 26. 8 13. 0	2 10 40 49	2 5 56 A	+2 23	−0 13
☾ vers l'octans	27. 9. 5. 31	2 24 2 0	0 56 30 A	+2 40	−0 42
☾ en □ pres du ☊ et dans sa dist. moienne	Mars 23. 5. 49. 5	2 28 38 43	0 6 23 A	+4 6	−1 19
☾ en ☍ pres de son apog.	31. 12. 1. 50	6 8 36 32	4 56 38 B	+3 18	−1 58
	Avril 24. 7. 54. 39	4 27 44 51	4 28 3 B	+4 48	−0 3
	Aout 3. 18. 1. 57	1 14 49 23	3 17 8 A	−2 2	−0 35
☾ vers ses plus gr. limites et sa □	Decemb. 14. 5 26. 6	11 11 26 17	5 15 4 A	−2 28	+1 12
	15. 6 15 31	11 25 49 31	5 20 40 A	−1 57	+0 38
apo. ☾ en □ avec apo ☉	1742 Ian. 15. 7 32. 30	1 20 0 47	2 13 35 A	+1 39	+0 7
☾ pres du perigee	Fevr. 11. 5 29. 15	1 15 39 47	2 21 22 A	−1 4	+0 44
☾ pres de son oppos.	18. 11. 54. 58	4 23 30 22	4 43 24 B	+0 51	−0 9

Circonstances où la Lune s'est trouvée le jour de l'observation	Moment des observations reduit en tems moien					Longitude de la Lune observée				Latitude de la Lune observée				Erreurs des Tables tirées des formules précedentes	
		I.	H.	M.	S.	S.	D.	M.	S.	D.	M.	S.		Longit.	Latitud.
☾ *dans sa plus pet. inclin.*	1742 Mars	19.	11	22.	58	5	14	52	30	5	0	21	B	+1 13	−0 36
☾ *en opposition*		20.	12.	5.	11	5	27	29	16	4	47	48	B	+0 46	−1 24
		21.	12	46.	2	6	9	56	5	4	20	44	B	−0 54	−1 10
apo. ☾ *en* ☍ *avec* ☉	Avril	29.	20.	18.	16	11	9	0	57	5	13	37	A	−2 5	−0 21
☾ *dans son* ☋	Iuin	16.	10.	57.	37	8	11	1	45	0	20	36	A	−0 17	−1 18
☾ *dans ses gr. limit. et sa dist. moy.*	Decemb.	3.	4.	59.	2	10	22	54	45	5	15	29	A	−2 4	+0 2
☾ *en* □ *avec* ☉ *et l'apo.* ☉	1743 Ian.	3.	6.	2.	56	0	12	59	51	3	34	45	A	−0 11	+0 13
☾ *perig. pres de* ☊ *et de* □	Fevr.	2.	6.	26.	45	1	21	34	3	0	14	4	A	+0 54	+1 26
		3.	7.	22.	39	2	6	16	44	1.	3.	0	B	+2 1	−0 6
☾ *perig. en* □ *avec* ☉	Mars	3.	6.	16.	0	2	16	29	5	2.	10.	26	B	+1 57	−0 50
		4.	7.	16.	56	3.	1.	12.	2	3	15	44	B	+2 53	−0 13
		5.	8.	18.	44	3	15	55	1	4	8	12	B	+2 17	+0 1
		6.	9.	19.	5	4	0	35	4	4	46	1	B	+4 32	−1 33
☾ *dans ses limites*		8.	11.	8	47	4	29	27	35	5	0	11	B	+4 58	−0 22
☾ *dans sa dist. moy.*	Mai	3.	8	37	18	5	17	49	9	4	38	21	B	+4 34	−1 23
☾ *dans l'oct. son apo. en* □ *avec celui du* ☉	Septembr.	29.	9	8.	40	10	21	12	6	5	5	47	A	−0 28	−0 9
apo. ☾ *en* ☌ ☉. ☾ *dans sa dist. moy.*	1744 Ian.	6.	18.	20.	18	6	22	24	13	1	18	59	B	+2 23	−2 57
apo. ☾ *en* □ *apo.* ☉	Avril	22.	8.	55.	49	5	12	15	56	3	56	20	B	+3 56	−0 52
☾ *dans l'oct. et sa dist. moy.*	Mai	22.	9.	12.	13	6	19.	59	42	0	55	24	B	+4 13	−1 8
☾ *pres de l'op. au* ☉		26.	12.	25.	30	8	13	7	3	3	31	48	A	+0 49	+1 12
	Août	18.	8.	48.	5	9	8	27	6	4	53	19	A	+0 37	+1 42
☾ *dans son plus gr. apo.*	Novemb.	11.	5.	45.	37	10	13	34	26	4	49	10	A	+1 27	+0 14
☾ *pres du perigee*	Mai	10.	7.	50.	47	5	14	12	17	2	22	38	B	−4 6	−0 18
☾ *perigee*	Iuin	7.	6.	36.	27	5.	24.	20.	25	1	21	9	B	+0 44	−1 39
☾ *dans l'octans*	1746 Ian.	3.	8.	41.	54	1	27	8	29	4	23	9	B	+1 8	−0 37
		14.	18.	26.	33	7	4	35	5	3	9	33	A	+4 40	+0 44
		15.	19.	19.	14	7	19	2	9	4	4	0	A	+1 36	+1 48
☾ *en* □ *vers ses limites*	Fevr.	28.	6.	3.	44	2	11	39	9	5	10	35	B	−2 28	−0 57
☾ *dans l'octans.*	Avr.	2.	9.	24.	0	4	28	51	1	2	11	56	B	−0 41	+0 33
☾ *dans l'octans*	Iuin	6.	15.	16.	25	10	1	18	45	3	43	37	A	+1 33	0″
☾ *vers ses pl. gr. limites*	Iuillet	28.	8.	47.	42	8	19	42	44	5	6	51	A	−3 28	+2 9
		29.	9.	49.	31	9	4	11	48	4	51	34	A	+0 56	−1 34
☾ *en* □ *dans ses pl. gr. limit*	Septembr	7.	17.	50.	50	2	16	37	55	5	17	4	B	−5 28	−1 28
☾ *pres du* ☋	1747 Mars	23.	9.	51.	35	4	26	20	17	0	48	23	B	−3 5	+0 16

Comme les differences que l'on vient d'appercevoir dans la liste précedente sont en elles mêmes assés peu considerables & qu'on pourra facilement faire la correction des elemens qui doit la diminuer j'en laisse le soin à ceux qui en voudront prendre la peine, le tems qui me reste ne me permettant pas d'achever les calculs que ces operations exigent, non plus que le detail annoncé dans l'Art. XXVII. de la Iere Partie & quelques legeres corrections dans mes coefficiens, avec les quelles j'éspere donner une précision à mes Tables qui les rendra de la plus grande utilité. Je me contente d'autant plus volontiers pour le présent des calculs que je viens de donner d'après mes Tables telles que je les ai construites avant d'en pouvoir rectifier les elemens, qu'outre que ces Tables approchent déja plus de la nature qu'aucune de celles que je connoisse, qu'elles suffisent pour resoudre la question proposée par l'Academie Imperiale, en demontrant qu'il est inutile de chercher d'autre cause des inegalités du mouvement de la Lune que la seule attraction inversement proportionelle aux quarrés des distances.

Le 6. Dec. 1750. n. st.

Remarques & additions.

I.

§. 1. En examinant les calculs des latitudes pour les cent lieux de la Lune contenus dans la liste précedente, je me suis apperçu d'une defectuosité des Tables sur lesquelles elles ont été calculées ; c'est que l'équation $-2.'3''$ *sin. y* de celles qui donnent la position du Noeud, *y* avoit été entierement oubliée, en sorte qu'il en peut resulter dans quelques unes des latitudes une erreur de 10 à 12″. Cette omission peut être aisément reparée dans tous les lieux calculés sans les recommencer en entier. Mais si l'on fait attention aux erreurs dont les observations de la latitude sont susceptibles, on sera bien eloigné de croire que cette inadvertance ait pû faire un tort considerable aux calculs précedens.

§. 2. Je dois dire encore à l'occasion des Tables construites pour latitude qu'en determinant (2de Partie Art. V & XI) les élemens des Tables qui les donnent, j'ai emploié pour les coefficiens de la valeur de *v* citée Art. III les valeurs suivantes $\ddot{\imath}$ ou $i + \frac{1}{2}\gamma = 0,018623$; $a = 0,110059$; $b = 0,003801$; $\beta = 0,011755$; $\alpha = 0,022657$; $\gamma = 0,003407$ qui etoient les seules que j'eusse alors, aiant fait ces calculs beaucoup devant les resultats plus exacts dont j'ai fait usage dans la Iere Partie ; Et comme par ces resultats, on a plus exactement $\ddot{\imath} = 0,018403$; $a = 0,110534$; $b = 0,003792$; $\beta = 0,011608$; $\alpha = 0,022332$; $\gamma = 0,003147$. On pourroit faire quelque legere correction aux équations principales de la position du Noeud & de la variation de l'Ecliptique de la Lune ; Calcul que je n'ai pas le tems d'achever avant la publication de cette Piece, quoi qu'il ſoit aſſés facile à faire par ce qu'il n'exige pas qu'on recommence toutes les ſubſtitutions.

Au reſte on peut ſans un grand ſcrupule negliger entierement cette correction par la même raiſon que nous venons de rapporter à l'occaſion de la petite équation du Noeud qui avoit été oubliée dans mes Tables.

II.

On a vû, dans les Articles 8, 9 & 10 de la Iere Partie, que ceux des termes de l'équation de l'orbite de la Lune qui ſont proportionels à des coſinus d'un multiple de v, dont l'expoſant étoit ou très petit ou très peu different de l'unité, requieroient beaucoup plus d'attention que les autres dans la determination de leur coefficient. Cette attention doit même être pouſſée ſi loin en quelques cas que je ſuis obligé d'avouer ici qu'après avoir repeté pluſieurs fois le même calcul pour fixer exactement toutes les équations qui donnent le lieu de la Lune dans ſon orbite je n'ai pas pû me ſatisfaire encore entierement ſur quelques unes de ces équations. Mais il faut dire auſſi que l'incertitude qui m'eſt reſtée à l'égard de ces équations ne roule que ſur des differences aſſés legères dans le fond & qui toutes priſes enſemble ne montent qu'à un très petit nombres de minutes, & que les Reſultats les plus ecartés de celui qu'a été expoſé ci-deſſus ſont toûjours trop peu eloignés des obſervations pour jetter le moindre doute ſur la ſolution que j'ai donné du Prob. propoſé par l'Acad. Impér. de St. Petersbourg.

Mais afin que le lecteur ſoit en état de juger par lui même de ces differences de reſultats dont je viens de parler, je vais mettre ſous ſes yeux celui de ces reſultats dont les nombres s'écartent le plus de ceux de l'Art. XXXV. Iere Partie.

Ce resultat que j'avois calculé avant celui de l'Art. XXXV. ne m'avoit pas parû devoir le balancer lorsque j ai envoïé la piece précedente, à cause d'une faute de calcul que j'y avois apperçue & dont je n'avois eu le tems de connoitre qu'une partie de l'effet. J'étois même d'autant plus porté à croire que la faute dont je parle donnoit de l'inferiorité au resultat où elle s'etoit trouvée & le devoit faire rejetter que je voyois le second plus près en général des observations que n'étoit le premier. J'ai decouvert depuis que la faute en question n'influoit point ou que d'une maniere insensible sur les termes qui differoient dans les deux resultats.

III.

Equations du mouvement de la Lune telles qu'elles resultoient de l'operation dont on vient de parler.

§. 1. Tous les termes affectés des sinus de y, $2y$, $3y$, $2t$, $4t$, $2t-y$, $4t-2y$, $3y-2t$, $2t-2y$, $2t+y$, $4t-y$ differoient si peu de ceux que j'ai trouvé dans l'operation subsequente, c'est-à-dire dans celle dont let resultats sont donnés Art. XXXV. de la Iere Partie, que lors qu'il fut question d'emploier ces derniers je ne crus pas necessaire de rien changer aux Tables dressées sur les premiers, puisque je n'avois par ma seconde operation que des corrections de deux ou trois secondes.

§. 2. Quant aux termes où z entre, voici ce qu'ils étoient dans ce premier calcul

$$+10'39'' \sin. z + 2'25'' \sin.(y-z) + 3'28' \sin.(2t-y-z) - 2'45'' \sin.(2t-z) + 20'' \sin.(2t-2y+2z)$$
$$-1\ 49 \sin.(y+z) - 0\ 27 \sin.(2t-y+z) + 0\ 25 \sin.(2t+z)$$
$$+20'' \sin.(2t-z+y) - 12'' \sin.(2t-z-2y) - 11 \sin.(2y-z)$$

dans lesquels on voit que les plus grandes differences tombent 1° sur le terme affecté de *sin.z* qui s'écarte de celui de l'Art. XXXV. de près d'une minute. 2°. Sur l'équation affectée de 2 z qui s'est trouvée de 21'' dans la seconde operation & qui avoit été negligée dans la 1ere. 3° sur le terme $+ 20''$ *sin.* $(2t - 2y + 2z)$ qui n'a pas eu lieu dans la 2de operation. 4° sur le terme $22''$ *sin.* $(2t - 2y + z)$ qui est venu dans la 2de operation & qui avoit été si petit dans la 1ere qu'on l'avoit entierement negligé.

§. 3. Les termes où entre la parallaxe du Soleil c'est-à-dire ceux qui sont affectés de *sin.* t, *sin.*$(t-y)$, *sin.*$(t+y)$ *sin.*$(t-y+z)$ étoient $- 3' 41''$ *sin.* $t - 52''$ *sin.* $(t-y) + 15''$*sin.*$(t+y) - 3''$*sin.*$(t-y+z)$ dont le dernier terme avoit paru si petit qu'il avoit été entierement negligé, & dont le premier differoit de près de 2 minutes de ce qu'il s'est trouvé dans la seconde operation.

§. 4. Pour les termes affectés de ω qui sont ceux où entre la position du Noeud, il n'ont pas été recommencés lorsque j'ai fait l'operation sur laquelle ont été fondées les formules de l'Art. XXXIV. déja cité. Mais comme par une anciene operation anterieure encore à celle dont je viens d'exposer les resultats, les coefficiens ne s'etoient trouvés qu'à 8 ou 10 secondes de ce qu'ils ont été calculés une seconde fois, & que même cette difference étoit venue en emploiant quelques termes auxquels je n'avois pas fait attention la 1ere fois, je crus surperflus de les calculer une troisieme.

IV.

§. 1. Les erreurs des Tables calculées d'après ces formules sont en général un peu plus grandes que celles qui resultent des secondes Tables & qui ont été exposées dans le Scholie général, ainsi qu'on peut s'en assurer en jettant les yeux sur la Table de ces erreurs placée dans cette addition à l'Art. VI.

Cependant après avoir remarqué que dans celle-ci les plus grandes erreurs se trouvoient dans les observations où l'anomalie moiene de la Lune étoit la plus grande, j'ai vû qu'elles pouvoient etre diminuées assés sensiblement & même plus que celle de l'Art. xxxv. en rendant l'excentricité de l'orbite de la Lune un peu plus petite que je ne l'avois supposée.

§. 2. Pour determiner plus facilement le changement à faire dans l'excentricité j'ai rangé toutes les observations que j'avois par l'ordre de leurs anomalies aulieu de celui des dattes. J'ai mis dans une prémiere colomne la somme de toutes les équations donnés dans chaque observation prises toutes avec leurs signes en observant seulement d'en retrancher les équations placées sous l'argument t. qui ne dependant point, ou du moins dependant très peu de l'excentricité n'ont point de correction à subir par le changement qu'on peut faire à cet element. Mettant ensuite dans une seconde colomne les erreurs de mes Tables, il étoit assés facile de voir la correction à faire à l'excentricité supposée, pour rendre les Tables plus conformes aux observations.

§. 3. Par ce moien j'ai trouvé qu'une diminution de $\frac{1}{171}$ à l'excentricité & qui par consequent la reduiroit de 0,05505 à 0,05472 étoit ce qui convenoit le mieux aux cent observations que j'avois à comparer avec les lieux calculés par mes Tables. Il m'a paru aussi que ces mêmes observations s'accorderoient mieux avec la Theorie en ajoutant 40″ à l'epoque des lieux moiens de la Lune.

§. 4.

§. 4. Comme de toutes les équations rapportées dans l'Art. II. de cette addition, celles qui different le plus des équations données Art. xxxv. & sur lesquelles il est le plus difficile de ne se pas tromper dans les quantités negligées, sont celles qui dependent de la parallaxe du Soleil; j'ai examiné ces dernieres & j'ai trouvé qu'en faisant attention à quelques circonstances que j'avois oubliées parmi lesquelles sont l'introduction des termes affectés de $\sin. \frac{1}{n} v$, & $\sin. (\frac{1}{n} - m) v$ dans la valeur de $\frac{1}{r}$ & de t avant de les substituer dans Ω, & l'examen de ce que peut apporter la petite alteration à l'orbite de la terre causée par celle de la Lune, j'ai trouvé dis-je par toutes ces considerations, que l'équation $37'' \sin. (t + z - y)$ s'evanouissoit presqu'entierement ainsi que l'équation $52'' \sin\, t - y$ qui se reduisoit à $- 4'' \sin. t - y$. Quant à l'équation proportionelle au *sinus* de t elle m'a paru devoir être comme dans la Iere operation d'environ $3' \; 40''$. Mais j'avouerai cependant que je n'ai pas mis le même soin dans les calculs de cette derniere operation que dans celle que j'avois faite auparavant. Et ce n'est que la confirmation que les Observations semblent donner à ces équations qui m'engage à les publier sans en avoir recommencé les calculs, travail que je suis obligé de remettre à un autre tems.

V.

Equations du mouvement de la Lune de l'Art. II. *de cette addition corrigées d'après les remarques de l'Art. précedent.*

$$[illegible] = x - 6^\circ\, 27'\, 44'' \sin. y - 3'\, 40'' \sin. t - 1^\circ\, 16'\, 19'' \sin.(2t - y) - 0'\, 4'' \sin.(t - y) + 15'' \sin.(t + y) - 1'\, 8'' \sin.(4t - y) - 3'\, 18'' \sin.(2t + y)$$
$$+ 1\;2\;58 \sin. 2y + 39\;54 \sin. 2t + 43 \sin.(4t - 2y) + 2\;13 \sin.(2t - 2y) + 9 \sin.(2t + 2y) - 18'' \sin.(2t - 3y)$$
$$- 3.7 \sin. 3y + 27 \sin. 4t$$
$$+ 10''\, 36'' \sin. z + 2'\, 24'' \sin.(y - z) - 2'\, 44'' \sin.(2t - z) + 1'\, 27'' \sin.(2t - y - z) + 20'' \sin.(2t - 2y + 2z)$$
$$- 1\;48 \sin.(y + z) + 0\;23 \sin.(2t + z) - 0\;27 \sin.(2t - y + z)$$
$$+ 30'' \sin.(2t - z + y) - 12'' \sin.(2t - z - 2y) - 18'' \sin.(2y - z) - 1'\, 28'' \sin. 2u + 1'\, 29'' \sin.(2u + 2t - y) + 1'\, 12'' \sin.(2u + 2t - 2y$$

VI.

Comparaiſon des differens reſultats précedens avec les obſervations ci-deſſus rapportées.

L'ordre de ces obſervations n'eſt plus ici celui des dattes, mais celui des anomalies moiennes de la Lune, on a eu ſoin ſeulement de mettre le jour de l'obſervation à coté afin de reconnoitre chaque obſervation; à coté de la colomne des anomalies, on a placé celle de la ſomme des équations reduites en obſervant d'en retrancher celles qui ſont ſous l'argument *t* par la raiſon rapportée Art. IV. §. 2.

Les trois colomnes ſuivantes ſont 1° les erreurs de la Theorie donnée dans la piece précedente, 2°. Les erreurs dont il eſt parlé Art. III. §. 1. c'eſt-à-dire celle des Tables que j'avois calculées avant celles dont il eſt fait mention dans le Scholie général du memoire précedent. 3°. Les erreurs des Tables fondées ſur les formules de l'Art. précedent.

Dattes des Observations.	Anomal. moyen. de la Lune	Equat. propor. a l'Ex-centr.	Err. des Tab. de l'art. 35 1. Part.	Err. des Tab. de l'art 3 preced.	Err. des Tab. de l'art 5 preced.
	S. D. M.	D. M.	M. S.	M. S.	M. S.
4 Dec. 1737	0 6 11	0 36	+1 5	−0 31	+0 23
1 Ian. 1738	0 11 17	0 8	+3 6	−0 39	+0 40
21 Mars 1741	0 15 5	−1 22	+3 18	−1 17	+0 3
5 Dec. 1737	0 19 39	−0 57	+1 51	+0 46	+2 13
5 Mai 1740	0 21 19	−1 33	+3 47	−0 26	+1 34
26 Fev. 1738	0 21 27	−2 33	−0 21	−3 23	−1 4
2 Ian. 1738	0 24 46	−1 11	+2 1	−0 11	+1 34
16 Iun. 1742	0 29 13	−2 3	−0 17	−2 54	−1 0
6 Mai 1740	1 4 48	−2 36	+5 39	+1 45	+4 8
8 Ian. 1738	1 8 16	−2 27	+1 17	+0 54	+3 7
7 Sept. 1746	1 15 19	−4 49	−6 12	−0 47	+0 58
7 Dec. 1737	1 16 39	−3 50	+1 57	+1 33	+4 2
21 Fev. 1739	1 17 31	−3 25	+0 54	−1 34	+0 59
22 Iuil. 1737	1 18 3	−3 35	−3 52	+1 10	−1 51
7 Mai 1740	1 18 14	−3 33	+3 24	−1 3	+1 39
29 Sept. 1743	1 18 47	−3 24	−0 28	−2 7	+0 36
4 Ian. 1738	1 21 47	−3 36	+1 6	−0 22	+1 40
21 Mars 1739	1 22 36	−3 57	−1 4	−4 36	−1 21
8 Ian. 1746	1 23 17	−3 57	+1 8	−0 50	+1 33
25 Ian. 1739	1 25 54	−4 45	−2 27	−2 13	+0 24
8 Dec. 1737	2 0 10	−5 0	−0 25	−0 38	+1 37
22 Fev. 1739	2 1 1	−4 26	−0 52	−3 0	−0 4
28 Fev. 1746	2 3 29	−6 23	−2 28	−4 56	−1 14
22 Mars 1739	2 6 6	−5 42	−0 58	−4 14	−0 47
29 Mars 1738	2 7 4	−6 18	−2 44	−6 10	−2 44
2 Dec. 1738	2 12 37	−7 7	−2 48	−1 17	+1 45
30 Mars 1738	2 20 36	−6 37	−3 34	−6 21	−3 49
5 Dec. 1742	2 27 1	−7 23	−2 4	−4 58	−1 51
24 Fev. 1739	2 28 0	−5 42	−1 13	−2 42	+0 40
7 Ian. 1738	3 2 22	−5 40	−3 13	−1 8	−0 48
31 Mars 1738	3 4 8	−6 36	−3 18	−6 34	−3 3
23 Mars 1747	3 4 46	−6 2	−3 5	−6 8	−2 43
5 Iuil. 1740	3 8 49	−6 14	−3 19	−5 5	−2 43
25 Fev. 1739	3 11 30	−5 50	−1 25	−2 40	+0 46
4 Mars 1738	3 12 35	−5 30	−2 1	−4 6	−0 46
1 Avr. 1738	3 17 40	−6 13	−4 14	−7 10	−3 47
6 Fev. 1738	3 21 2	−5 1	−0 47	−1 44	+1 29
26 Fev. 1739	3 25 0	−5 39	−0 51	−1 54	+1 28
7 Iuil. 1737	4 4 11	−4 46	+0 41	+1 26	+3 0
29 Avr. 1742	4 7 10	−6 25	−2 5	−1 59	−0 5
27 Fev. 1739	4 8 30	−5 9	−1 17	−2 17	+0 56
8 Ian. 1743	4 12 37	−6 3	−0 11	−2 39	−0 20
2 Avr. 1746	4 16 27	−5 32	−0 41	−2 19	+0 23
28 Fev. 1739	4 22 2	−4 21	−0 34	−1 11	+1 45
14 Dec. 1741	4 22 25	−4 28	+2 54	−4 7	−2 35
15 Dec. 1741	5 5 46	−3 30	−1 57	−3 38	−2 27
2 Fev. 1743	5 14 47	−2 44	+0 54	−1 16	−0 21
18 Iuil 1739	5 17 43	−2 3	−2 28	−1 45	−0 32
7 Iuin 1737	5 23 9	−2 58	+5 8	+3 28	+4 5
8 Fev. 1743	5 28 21	−1 24	+2 1	+0 2	+0 22
19 Iuil. 1739	6 1 53	−0 12	−2 31	−2 4	+0 20
10 Mai 1745	6 3 21	−1 23	−4 6	+1 25	+1 49
3 Mars 1743	6 3 34	+0 9	+1 57	−0 13	−0 24
10 Mars 1738	6 3 53	+1 21	+0 18	−0 1	+0 53
7 Iuin 1745	6 8 30	+0 49	+0 44	−0 5	−0 27
11 Fev. 1742	6 13 7	+2 7	−1 4	−2 55	−3 46
20 Iuil. 1739	6 15 0	+1 39	−0 43	−0 2	−0 7
27 Iuil. 1738	6 15 55	+0 8	−1 41	−0 17	−0 14
4 Mars 1743	6 19 11	+1 26	+2 53	+0 53	+0 15
15 Ian. 1742	6 21 29	+1 50	+1 39	+0 12	−0 25
14 Ian. 1746	6 22 18	+2 43	+4 40	+3 39	+4 8
7 Iuil. 1737	6 25 25	+2 10	+3 3	+3 55	+3 1
5 Mars 1743	7 0 43	+2 35	+2 17	+0 22	−0 39
3 Aout 1741	7 1 28	+4 17	−2 2	−1 11	−0 19
15 Ian. 1746	7 5 51	+3 44	+1 36	+2 31	−1 51
22 Avr. 1744	7 10 3	+3 26	+3 56	+2 43	+1 22
6 Mars 1743	7 14 25	+3 36	+4 32	+3 2	−1 14
28 Iuil. 1746	7 14 43	+4 26	−3 28	−1 58	−3 39
17 Nov. 1738	7 20 17	+6 32	−2 35	−1 55	−3 50
29 Iuil. 1746	7 28 21	+4 52	+0 56	+2 53	+1 3
7 Aout 1737	8 11 18	+4 57	+1 36	+3 32	+1 43
8 Mars 1743	8 11 33	+4 43	+4 53	+4 16	+2 17
22 Mai 1744	8 12 9	+5 49	+4 13	+3 28	+1 24
26 Ian. 1741	8 16 51	+6 40	+2 23	+1 49	−0 37
3 Mai 1743	8 23 49	+6 43	+4 34	+1 5	−3 15
8 Aout 1737	8 24 51	+5 44	+1 16	+3 29	+1 24
23 Mars 1741	8 27 11	+7 22	+4 6	+1 8	−0 47
6 Ian. 1744	8 27 13	+7 36	+2 23	+4 54	+2 55
6 Iuin 1746	8 28 52	+5 49	+1 33	+2 40	+0 41
27 Ian. 1741	9 0 23	+6 31	+2 40	+2 14	+0 7
18 Fev. 1742	9 18 4	+4 47	+0 51	+0 33	−3 1
29 Nov. 1737	9 28 55	+6 29	+2 44	+0 15	−0 57
13 Fev. 1739	9 29 34	+5 19	+3 11	−0 5	−0 32
26 Mai 1744	10 6 30	+3 47	+0 49	+1 39	+0 1
19 Mars 1742	10 6 40	+4 23	+1 13	+0 11	−1 9
24 Mars 1739	10 18 8	+3 15	+3 41	−0 20	+0 7
20 Mars 1742	10 20 7	+3 6	+0 46	−0 4	−0 53
18 Ian. 1739	10 21 26	+4 54	+1 47	−0 37	−1 13
18 Aout 1744	10 21 39	+5 0	+0 37	+0 22	−0 3
8 Fev. 1740	10 25 31	+3 42	+3 58	+1 43	+1 14
24 Av. 1741	10 26 24	+4 0	+4 48	+1 54	+1 39
15 Fev. 1739	10 26 31	+3 48	+2 20	−0 49	−0 49
16 Iuil 1737	10 27 10	+2 35	−4 43	−1 3	−2 4
21 Mars 1742	11 3 33	+1 38	−0 54	−1 27	−1 46
29 Ian. 1739	11 4 54	+1 45	+1 55	−0 16	−0 30
2 Dec. 1737	11 9 16	+3 30	+3 10	+1 11	+1 4
25 Avr. 1741	11 9 51	+3 15	+5 4	+1 25	+1 29
11 Nov. 1744	11 20 31	+0 49	+1 27	−0 43	+0 28
3 Mai 1740	11 24 22	+0 39	+4 46	+0 32	−1 57
17 Mars 1739	11 28 36	+0 13	+0 57	−2 51	−1 37

VII.

On reconnoit facilement à la seule inspection des trois dernieres colomnes de la Table précedente que les erreurs des Tables calculées d'après les formules de l'Art. V. de cette addition sont les moindres de toutes, ensorte que si l'on s'en tenoit aux cent observations précedentes qui sont les seules que j'aie calculées on se decideroit en faveur de ces formules. Mais outre qu'il faudroit ce me semble un plus grand nombre d'observations pour être assuré que ces formules sont les plus proches de la Nature, & que l'excentricité est telle que je l'ai faite, je pecherois entierement contre l'Esprit de la methode que je me suis prescrite jusqu'ici de n'emprunter des observations que les elemens necessaires du probleme & de tirer tout le reste du seul principe de la Gravitation universelle; il n'y a donc pour chasser la legere incertitude qui reste sur quelques unes des équations précedentes qu'une nouvelle operation où l'on ait encore plus d'attention aux petites quantités negligées. Ce calcul que je me promets de refaire, si personne n'en prend la peine, peut être executé par tout Geometre qui aura lu la piece précedente. Mais je repeterai ici que le motif qui doit le faire entreprendre n'est pas la necessité de se delivrer d'aucun doute sur la cause des mouvemens de la Lune qui est suffisament reconnue et prouvée par ce qui précede; ce doit etre le but d'arriver à des Tables plus exactes encore que les précedentes, & telles que l'Astronomie & la Navigation en pourroient retirer les plus grands secours.

FIN.

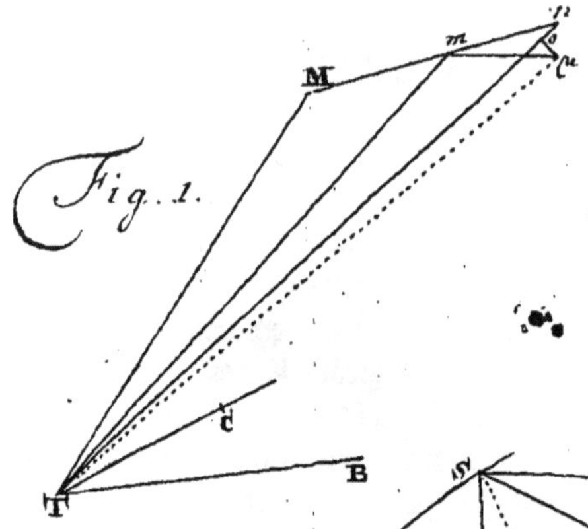

Fig. 1.

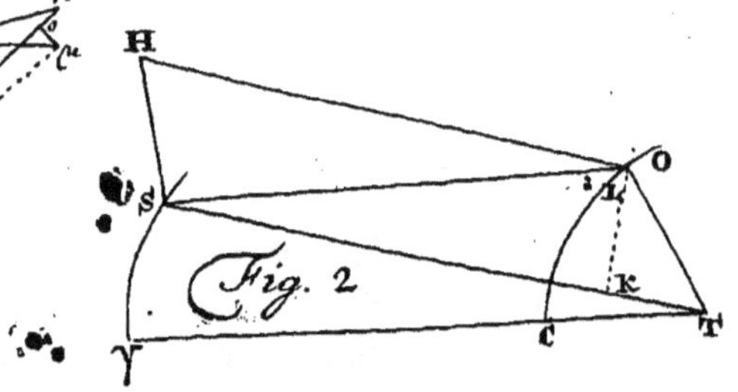

Fig. 2

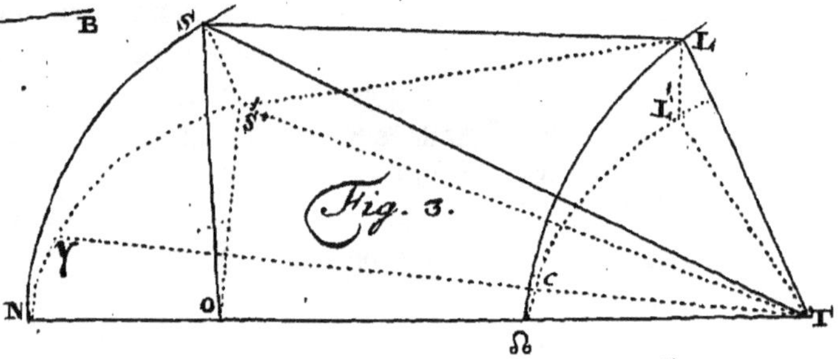

Fig. 3.

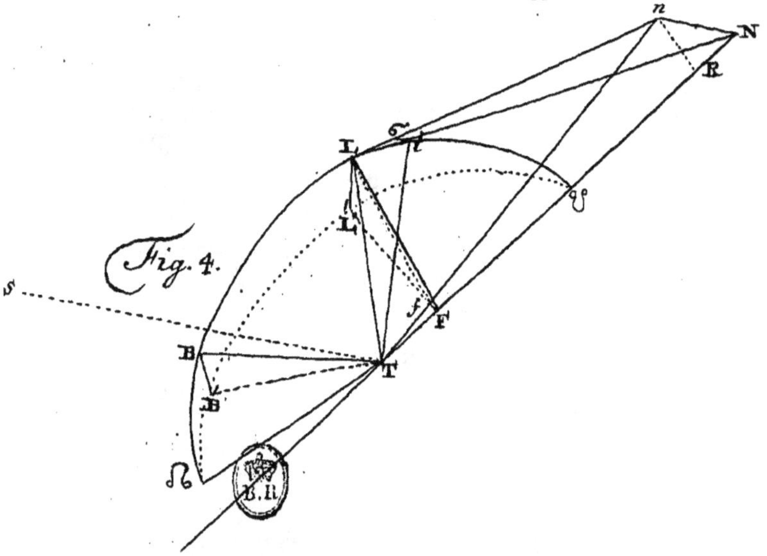

Fig. 4.

www.ingramcontent.com/pod-product-compliance
Lightning Source LLC
Chambersburg PA
CBHW050607210326
41521CB00008B/1149
9782012772359